TRAITÉ ÉLÉMENTAIRE

D'ÉLECTRICITÉ

AVEC LES

PRINCIPALES APPLICATIONS

PAR

R. COLSON

Commandant du Génie,
Répétiteur de Physique à l'École Polytechnique

TROISIÈME ÉDITION
ENTIÈREMENT REFONDUE

PARIS,

GAUTHIER-VILLARS, IMPRIMEUR-LIBRAIRE

DU BUREAU DES LONGITUDES, DE L'ÉCOLE POLYTECHNIQUE,

55, quai des Grands-Augustins

1900

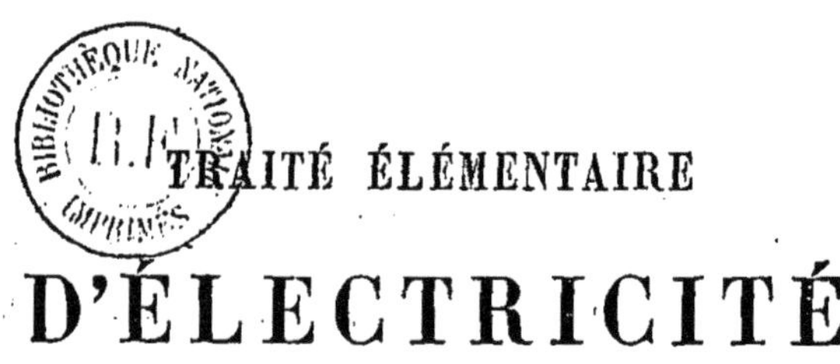

TRAITÉ ÉLÉMENTAIRE

D'ÉLECTRICITÉ

AVEC LES

PRINCIPALES APPLICATIONS.

27626. — Paris. Imp. GAUTHIER-VILLARS, quai des Grands-Augustins, 55.

TRAITÉ ÉLÉMENTAIRE

D'ÉLECTRICITÉ

AVEC LES

PRINCIPALES APPLICATIONS,

PAR

R. COLSON,

Commandant du Génie,
Répétiteur de Physique à l'École Polytechnique.

TROISIÈME ÉDITION
ENTIÈREMENT REFONDUE.

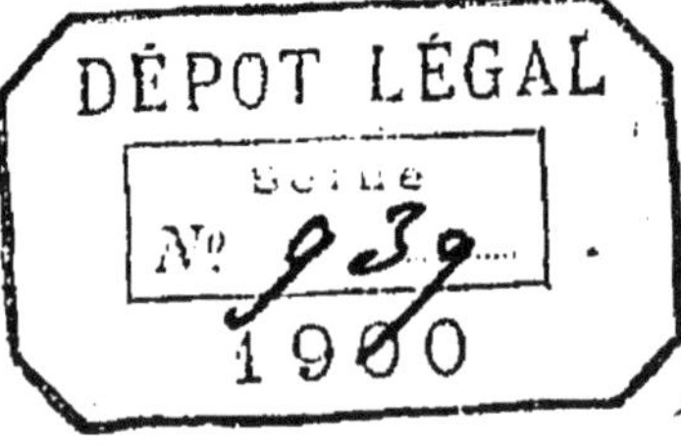

PARIS,

GAUTHIER-VILLARS, IMPRIMEUR-LIBRAIRE,

DU BUREAU DES LONGITUDES, DE L'ÉCOLE POLYTECHNIQUE,

55, quai des Grands-Augustins.

1900

PRÉFACE.

Tout en effectuant de nombreuses modifications et additions nécessitées par les derniers progrès, j'ai voulu conserver à la troisième édition de ce petit Traité le caractère élémentaire et spécial des deux éditions précédentes : il a pour but d'exposer de la façon la plus claire et de faire comprendre en peu de pages les éléments de l'Électricité pratique et les principes des applications les plus importantes.

Les considérations du Chapitre I sur le courant conduisent immédiatement à la notion si importante du potentiel; elles sont suivies des notions sur les charges dans le Chapitre II, puis des principes relatifs au magnétisme, à l'électromagnétisme et à l'induction dans les Chapitres III, IV et V. On peut alors aborder les unités du Chapitre VI et les mesures du Chapitre VII. Le Chapitre VIII renferme l'étude des différentes sources d'électricité, piles et machines, y compris les nouveaux courants polyphasés; le Chapitre IX montre comment, inversement, on passe du courant au travail mécanique grâce à la réversibilité de ces machines et aux champs tournants qui permettent d'employer les courants alternatifs au transport de la force; le Chapitre X traite des transformateurs et accumulateurs. Nous entrons ensuite dans les applications industrielles qui mettent en œuvre sous les formes calorifique, lumineuse et chimique l'énergie du courant ; les Chapitres XI et XII sont consacrés à ces importantes questions, auxquelles le Chapitre XIII forme un couronnement naturel en indiquant comment l'énergie du courant peut être distribuée aux différents organes chargés de l'utiliser.

La télégraphie, y compris le télégraphe sans fil, et la téléphonie complètent les applications dans les Chapitres XIV et XV. Enfin le Chapitre XVI donne quelques exemples numériques qui servent d'exercices pour familiariser le lecteur avec le genre de calculs très simples que l'on rencontre le plus souvent dans la pratique.

En résumé, ce Traité s'adresse à tous ceux qui commencent l'étude de l'Électricité au point de vue pratique, et leur permet de se mettre rapidement au courant de ce qui se dit, se fait et se publie aujourd'hui dans le domaine, déjà si vaste et chaque jour plus étendu, de ces merveilleuses applications. Je me suis efforcé de régler la suite des idées de la façon la plus logique, en réduisant au strict minimum le nombre des notions exposées; la matière est suffisante pour mettre le lecteur en état de comprendre ensuite les descriptions des publications électriques et d'entreprendre avec fruit l'étude des Ouvrages consacrés au détail de chaque branche.

TRAITÉ ÉLÉMENTAIRE
D'ÉLECTRICITÉ

AVEC LES

PRINCIPALES APPLICATIONS.

CHAPITRE I.

NOTIONS SUR LES COURANTS.

Définitions.

Considérons un appareil producteur ou *source* d'électricité S (*fig.* 1), et fixons aux deux parties P, P', appe-

Fig. 1.

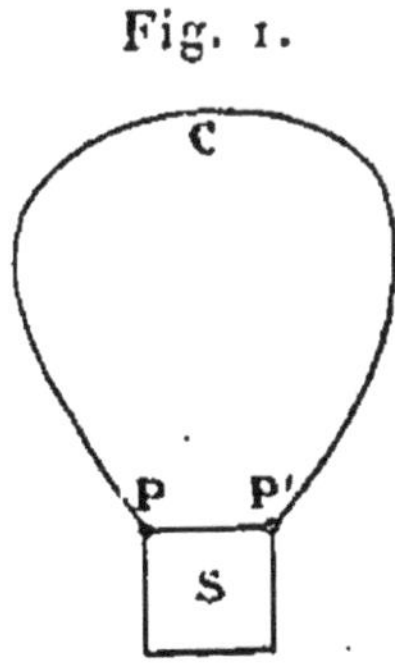

lées *bornes* ou *pôles,* où cette électricité peut être

Tr. élém. d'Électr.

recueillie, les extrémités d'un fil métallique C, en cuivre par exemple; il se produit aussitôt dans ce fil des phénomènes particuliers, dits *électriques,* que nous étudierons plus loin, et dont les effets sont les mêmes que si le fil était parcouru par un courant dirigé d'un pôle à l'autre de la source dans un sens déterminé. Le *pôle positif* (+) est celui d'où part le courant; le *pôle négatif* (—), celui par lequel il rentre dans la source; nous verrons dans le Chapitre suivant la raison de ces dénominations. L'ensemble de la source, du fil et des autres corps conducteurs dans lesquels passe le courant d'un pôle à l'autre, constitue un *circuit* électrique.

Pour aider à comprendre en quoi consistent les éléments de fonctionnement du courant, nous allons nous servir de la comparaison suivante :

Considérons (*fig.* 2) un corps de pompe C, dans

Fig. 2.

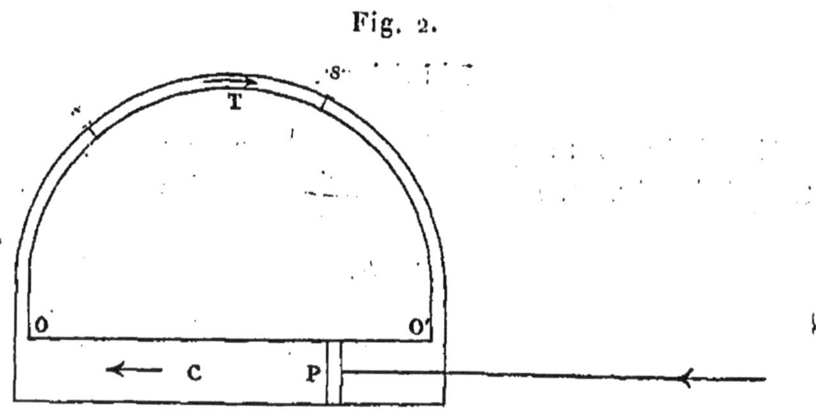

lequel se meut un piston P, et dont les extrémités sont munies de deux ouvertures O, O' reliées par un tuyau T. Supposons le corps de pompe et le tuyau remplis d'un fluide élastique et non pesant, et appliquons au piston un effort capable de le déplacer, par exemple de O'.

vers O. Nous déterminons ainsi une compression dans le fluide à gauche du piston et une dilatation à droite, qui ont pour résultat de faire circuler le fluide dans le corps de pompe et dans le tuyau dans le sens de la flèche en surmontant les résistances opposées par les frottements ; et cela, pendant tout le temps que l'effort continue à agir.

On conçoit que *l'unité de quantité* de fluide qui passe ainsi par une section s du tuyau soit capable de produire un certain travail en dépensant toute sa pression, depuis sa valeur actuelle jusqu'à zéro, sur un moteur convenablement approprié ; cette capacité de travail total que possède l'unité de quantité du fluide dans la section s est le *potentiel* (puissance de travail) du fluide en ce point.

Ce potentiel est proportionnel à la pression par unité de surface en s. La pression et le potentiel partent d'un maximum qui se trouve dans la couche de fluide en contact avec la face gauche du piston, et vont en diminuant progressivement au fur et à mesure que l'on considère des sections du corps de pompe et du tuyau de plus en plus rapprochées de la face droite du piston.

Si maintenant nous prenons deux sections s, s', à chacune d'elles correspondent une pression et un potentiel bien déterminés. Le mouvement du fluide entre s et s' étant dû à la différence des pressions en ces deux points, la quantité de fluide qui s'écoule entre deux sections dans un certain temps, par exemple dans l'unité de temps, est d'autant plus grande que la différence des pressions ou des potentiels dans ces deux sections est elle-même plus grande. Mais, aussi, elle est d'autant plus petite que la résistance opposée au mouvement par cette portion de tuyau est plus grande.

Puisque la pression et le potentiel vont en diminuant de la face gauche à la face droite du piston en passant par le tuyau, la différence des pressions ou des potentiels entre deux sections est d'autant plus grande que les deux sections sont plus écartées l'une de l'autre, avec maximum lorsqu'elles viennent sur les deux faces du piston. Or, d'après ce qui précède, la quantité de fluide qui s'écoule dans l'unité de temps entre deux sections serait d'autant plus grande que les deux sections sont plus écartées l'une de l'autre; mais il faut remarquer que la résistance au mouvement augmente aussi avec cet écartement. On comprend donc que ces deux effets puissent se compenser, de façon que la quantité de fluide qui s'écoule dans l'unité de temps soit la même dans toutes les régions du tuyau pour un même effort exercé sur le piston.

A chacun des faits observés dans cette circulation correspond un fait analogue pour le courant électrique; il n'y a qu'à répéter ce qui vient d'être énoncé ci-dessus.

Le courant électrique est produit par une *force électromotrice* appelée aussi quelquefois *tension*, qui joue le rôle d'une pression et qui a à surmonter les *résistances* opposées au passage du courant par la source et par les conducteurs qui relient les pôles (*fig.* 3); la résistance offerte par la source elle-même s'appelle *résistance intérieure;* celle qui réside dans la partie du circuit qui est extérieure à la source se nomme *résistance extérieure.*

La capacité de travail total que possède l'unité de quantité d'électricité qui traverse une section déterminée est le *potentiel* de cette section.

Le potentiel est maximum d'un côté de la région où

se forme l'électricité dans la source et va en diminuant le long des conducteurs dans le sens du courant jusqu'à un minimum localisé sur l'autre côté de ladite région. Les valeurs de ce maximum et de ce minimum dépendent de la nature de la source.

Par suite, la différence des potentiels de deux sections est d'autant plus grande que celles-ci sont plus

Fig. 3.

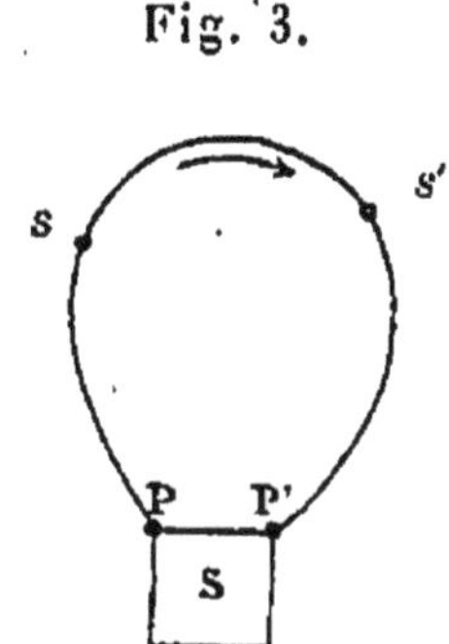

écartées l'une de l'autre en passant par le conducteur extérieur, et est maximum entre les deux côtés de la région où se développe l'électricité à l'intérieur de la source.

La différence de potentiel entre deux sections est proportionnelle à la force électromotrice qui produit le mouvement électrique entre ces deux sections; aussi, quoique la première expression représente un travail et la deuxième une force, on les confond dans la pratique et on les exprime avec la même unité.

La quantité d'électricité qui s'écoule entre deux sections d'un conducteur dans l'unité de temps, c'est-à-dire l'intensité du courant, est d'autant plus grande que la force électromotrice ou la différence de potentiel entre les deux sections est elle-même plus grande; elle est d'autant plus petite que la résistance de la partie ss' du conducteur est plus grande ; l'intensité est la même en tous les points du circuit.

La force électromotrice, la résistance et l'intensité, éléments fondamentaux du courant électrique, sont ainsi reliées par la loi précédente, qui est celle à laquelle Ohm est arrivé en appliquant à l'électricité l'hypothèse de Fourier sur la propagation de la chaleur. Cette formule de Ohm est entièrement vérifiée par l'expérience ; elle constitue, avec la formule de Joule relative au travail, la base des calculs qui s'appliquent à la circulation du courant électrique dans un conducteur.

Loi de Ohm.

L'intensité du courant entre deux sections d'un conducteur est proportionnelle à la force électromotrice ou différence de potentiel entre ces deux sections ; elle est inversement proportionnelle à la résistance de la portion de conducteur considérée.

Soient e la force électromotrice ou différence de potentiel entre deux sections s et s' du conducteur parcouru par le courant d'intensité i, et r la résistance de cette portion du conducteur ; la loi de Ohm se traduit par la formule suivante :

$$i = \frac{e}{r},$$

qui permet de calculer une des trois quantités quand on connaît les deux autres.

En particulier, si l'on considère le circuit total formé par la source et par le conducteur, et si l'on appelle E la force électromotrice totale ou différence de potentiel qui se manifeste des deux côtés de la région où se développe l'électricité à l'intérieur de la source, R la résistance intérieure de la source, R′ la résistance extérieure, l'intensité du courant est

$$i = \frac{E}{R + R'}.$$

Il faut remarquer que E est ici la *force électromotrice totale*, et l'on doit bien se garder de la confondre avec la *force électromotrice aux bornes* de la source, auxquelles on attache les extrémités du conducteur extérieur; la force électromotrice aux bornes est, comme nous l'avons vu, inférieure à la force électromotrice totale, à cause de la résistance intérieure de la source, qui est plus ou moins grande suivant la nature de celle-ci. Il sera donc indispensable, chaque fois qu'on parlera de la force électromotrice, de bien spécifier si l'on considère la force électromotrice totale ou bien la force électromotrice aux bornes : dans le premier cas, la résistance intérieure de la source doit être ajoutée à la résistance extérieure; dans le second, il n'y a pas à en tenir compte, et la résistance extérieure est seule en jeu.

Conducteurs dérivés. — Supposons que, entre deux sections s et s', il y aît deux conducteurs au lieu d'un (*fig.* 4); ces conducteurs sont dits *dérivés* ou *en dérivation* l'un sur l'autre.

Soient

e la force électromotrice entre s et s';

i' et r' l'intensité et la résistance pour l'un des deux conducteurs;

i'' et r'' pour l'autre.

La loi de Ohm s'applique à chaque conducteur considéré isolément

$$i' = \frac{e}{r'}, \quad i'' = \frac{e}{r''}.$$

Comme la valeur de e est la même dans ces deux expressions, parce que la différence de potentiel entre s et

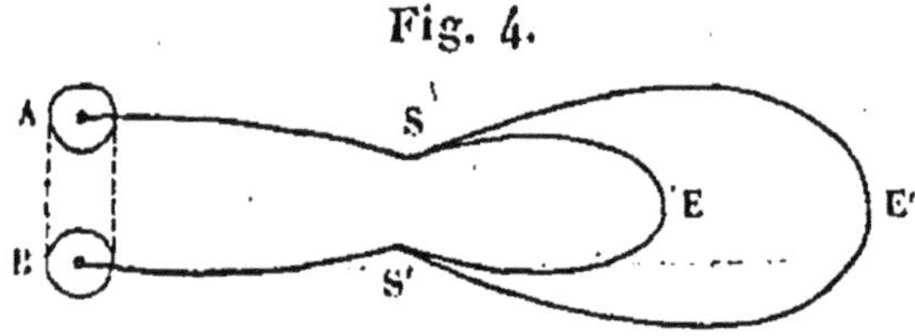

Fig. 4.

s' est la même pour tous les conducteurs qui se trouvent entre s et s', on a

$$\frac{i'}{i''} = \frac{r''}{r'}.$$

Donc, *les intensités des courants dans deux conducteurs dérivés sont inversement proportionnelles à leurs résistances.*

Ces deux conducteurs pourraient être remplacés par un seul d'une résistance x, telle que l'intensité i du courant du conducteur unique fût égale à la somme des intensités i' et i'' des courants dérivés, c'est-à-dire à l'intensité de la portion de circuit qui est en dehors des sections s et s', puisque l'écoulement de l'électricité doit être le même en tous les points du circuit.

On a donc

$$i = i' + i''$$

et

$$i = \frac{e}{x}$$

pour le conducteur unique.

Dans l'expression $i = i' + i''$, remplaçons i, i' et i'' par leurs valeurs $\frac{e}{x}$, $\frac{e}{r'}$, $\frac{e}{r''}$. Il vient

$$\frac{e}{x} = \frac{e}{r'} + \frac{e}{r''},$$

ou

$$\frac{1}{x} = \frac{1}{r'} + \frac{1}{r''},$$

$$x = \frac{1}{\dfrac{1}{r'} + \dfrac{1}{r''}}.$$

Cette relation permet de calculer la résistance d'un conducteur unique équivalent à deux conducteurs dérivés; elle s'applique à un nombre quelconque de conducteurs dérivés, dont les résistances seraient r', r'', r''', ... On aurait

$$x = \frac{1}{\dfrac{1}{r'} + \dfrac{1}{r''} + \dfrac{1}{r'''} + \dots}.$$

Résistance et conductibilité.

La résistance d'un corps dépend de sa nature; on compare les résistances des différents corps en prenant pour unité leur *résistance spécifique,* qui est la *résistance d'un centimètre cube de ces corps, mesurée entre deux faces opposées.*

La résistance r d'un conducteur est proportionnelle

*à sa résistance spécifique a, à sa longueur l, et inver-
sement proportionnelle à sa section s*, ce qui se formule
ainsi

$$r = \frac{al}{s}.$$

Cette loi semble tout d'abord condamner la comparaison du courant électrique à la circulation d'un fluide,
parce que, dans toute circulation de fluide, la résistance
est en raison inverse, non de la section, mais du péri-
mètre du tuyau ; mais cette contradiction n'est qu'appa-
rente et provient de ce que, pour simplifier, nous avons
assimilé un conducteur à un tuyau unique, tandis qu'il
serait préférable de le comparer à l'ensemble d'une
infinité de petits tuyaux juxtaposés et contournant les
molécules solides dont le conducteur est constitué, ce
qui ne change d'ailleurs en rien ni les résultats que nous
avons obtenus, ni les explications que nous avons données. On conçoit alors que la résistance soit en raison
inverse du nombre de ces tuyaux élémentaires, c'est-
à-dire de la section du conducteur, et qu'elle varie suivant
la façon dont ces molécules sont formées et assemblées,
c'est-à-dire suivant la nature de celui-ci.

La *conductibilité* est la propriété variable que possèdent les corps de laisser passer le courant électrique ;
c'est l'inverse de la résistance.

On appelle corps *bons conducteurs*, ou simplement
conducteurs, ceux qui possèdent cette propriété à un haut
degré, comme les métaux ; *médiocrement conducteurs*
ceux qui la possèdent à un degré moindre, comme le
charbon ; et *mauvais conducteurs* ou *isolants* ceux qui
en sont presque entièrement privés.

Les corps usuels peuvent se ranger dans le Tableau

suivant, par ordre de résistance croissante, ou de conductibilité décroissante :

CORPS		
conducteurs.	médiocrement conducteurs.	isolants.
Argent.	Charbon de bois.	Laine.
Cuivre.	Coke.	Soie.
Or.	Acides.	Verre.
Zinc.	Dissolution saline.	Cire à cacheter.
Platine.	Eau de mer.	Soufre.
Fer.	Air raréfié (suiv. le degré).	Résine.
Étain.	Glace fondante.	Gutta-percha.
Plomb.	Eau pure.	Caoutchouc.
Mercure.	Pierre.	Gomme laque.
	Glace non fondante.	Paraffine.
	Bois sec.	Ébonite.
	Porcelaine.	Air sec.
	Papier sec.	

On peut dire qu'il n'existe pas de substance parfaitement isolante; de plus le degré de conductibilité de celles qui sont le plus isolantes augmente lorsqu'elles sont humides.

Généralités sur les effets produits par les courants.

Le courant électrique peut produire toutes les transformations de l'énergie, en comprenant sous ce nom l'ensemble de tous les genres de travaux que la nature met à notre disposition; suivant la façon dont nos sens en sont impressionnés, nous distinguons dans cette énergie les formes calorifique, lumineuse, chimique et mécanique. Nous allons indiquer sommairement ces différents effets, que nous étudierons ensuite plus en détail au point de vue des applications.

Loi de Joule. — Lorsqu'un courant parcourt un conducteur, il se produit inévitablement une certaine quantité de chaleur, plus ou moins appréciable, et due aux travaux moléculaires dont le conducteur est alors le siège. Joule a trouvé la loi suivante :

La quantité de chaleur dégagée par le passage du courant entre deux sections d'un conducteur est proportionnelle au carré de l'intensité, à la résistance et au temps.

Si l'on représente par C la quantité de chaleur dégagée par le conducteur de s en s' et par t le temps considéré, la loi de Joule s'exprime par la formule

$$C = A\, i^2 rt.$$

On choisit le coefficient de proportionnalité A de façon que le produit $i^2 rt$ représente un travail mécanique; pour cela, on prend A égal à l'inverse de l'équivalent mécanique de la chaleur, lequel est égal à 424^{kgm}, correspondant à 1^{cal}, quantité de chaleur nécessaire pour élever de $1°$ C. la température de 1^{kg} d'eau. On a donc, en exprimant C en calories,

$$C \times 424 = i^2 rt$$

et ce produit représente un travail T, d'où

$$T = i^2 rt.$$

Comme, d'après la loi de Ohm, on a

$$ir = e,$$

on peut encore écrire

$$T = eit.$$

Si l'on veut avoir le travail effectué dans l'unité de temps, on fait $t = 1$ et il vient

$$T = i^2 r = ei.$$

Ainsi, *le travail électrique total consommé dans une portion quelconque de conducteur pendant l'unité de temps est égal soit au produit du carré de l'intensité par la résistance de cette portion, soit au produit de l'intensité par la force électromotrice ou différence de potentiel entre les extrémités de la portion considérée.*

On verra dans le Chapitre VI comment s'évaluent les différentes quantités qui entrent dans ces formules.

Effets calorifiques. — La quantité de chaleur C développée dans un conducteur par le passage du courant est déterminée par la formule de Joule, d'où l'on tire

$$C = \frac{ri^2 t}{424}.$$

Cette valeur est proportionnelle à la résistance et au carré de l'intensité. Il y aura donc intérêt à diminuer ces deux facteurs lorsque la quantité de chaleur ainsi produite constituera une *perte* d'énergie, c'est-à-dire lorsqu'elle ne sera pas le *but* de l'utilisation du courant. On les augmentera, au contraire, lorsqu'on cherchera à porter à une température élevée une portion du conducteur, par exemple pour l'application au chauffage (Chap. XI).

Effets lumineux. — Ce sera le cas aussi pour obtenir l'*incandescence* d'une portion de conducteur intercalée dans le circuit; et, si la température devient suffisamment élevée, il pourra se produire fusion et même volatilisation. L'incandescence est utilisée comme source de lumière.

Si l'on fait passer dans deux crayons de lumière électrique en contact un courant d'une force électromotrice et d'une intensité suffisantes, les parties en contact, qui présentent une grande résistance, deviennent incandescentes; si on les écarte, il se produit un arc de lumière éblouissante, qu'on peut allonger jusqu'au moment où la force électromotrice n'est plus assez grande pour surmonter la résistance interposée. C'est l'*arc voltaïque;* il constitue la plus puissante de nos lumières artificielles.

Lorsque la force électromotrice est très considérable, on peut interrompre le circuit, et il se produit dans cet intervalle une étincelle, manifestation d'une décharge, courant instantané; lorsqu'elle jaillit dans une atmosphère raréfiée, elle s'étale sous forme de nappe lumineuse.

On trouvera dans le Chapitre XI les applications de la lumière électrique.

Effets chimiques. — Lorsqu'on interpose une dissolution d'un composé chimique dans un courant dont la force électromotrice est suffisante, cette dissolution est décomposée par le courant. On appelle ce phénomène *électrolyse*, la dissolution un *électrolyte*, et les tiges ou lames qui plongent dans le liquide pour y faire passer le courant, des *électrodes*. L'électrode qui correspond au pôle positif se nomme *anode*, et l'autre *cathode*. Les produits de la décomposition sont les *ions*.

On peut ainsi décomposer l'eau en ses éléments : hydrogène et oxygène ; l'appareil dans lequel s'opère cette décomposition se nomme *voltamètre*, parce que les poids de gaz dégagés pendant un certain temps permettent de mesurer la quantité d'électricité qui a passé dans ce temps.

Le voltamètre (*fig.* 5) se compose d'un vase en verre

Fig. 5.

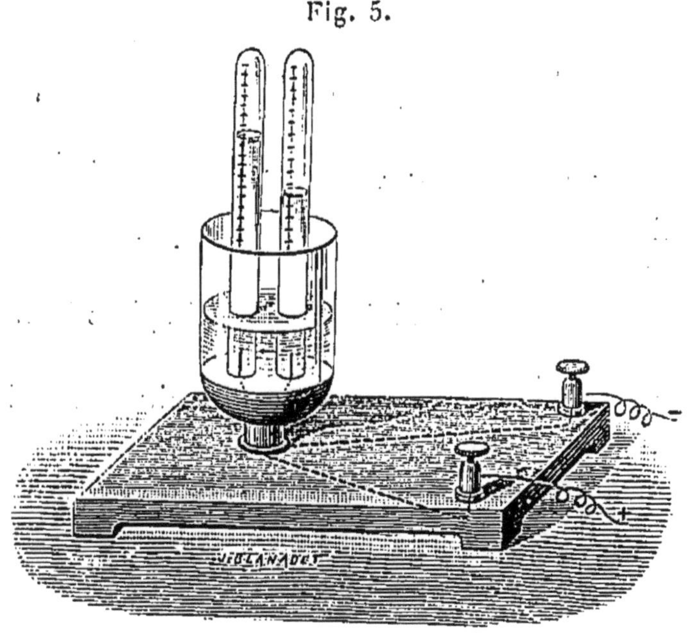

dans lequel sont placées deux tiges de platine, métal inoxydable, recouvertes de deux petites éprouvettes où se recueillent les gaz qui se dégagent dans l'eau sur les deux tiges. Celles-ci communiquent avec deux bornes où l'on fixe le conducteur venant de la source d'électricité. L'oxygène se dégage au pôle positif, l'hydrogène au pôle négatif. Le volume d'hydrogène est double de celui d'oxygène.

Si le corps est formé d'un métalloïde et d'un métal, le métalloïde se dégage au pôle positif, le métal au pôle négatif.

Dans la décomposition des sels, l'acide et l'oxygène se portent au pôle positif, et le métal au pôle négatif.

Une *loi de Faraday* est la suivante :

En général, les poids des éléments mis en liberté dans un même circuit pendant un temps donné sont proportionnels à leurs équivalents chimiques.

On appelle *équivalent électrochimique* d'un corps la quantité de cette substance qui est dégagée par le passage de l'unité de quantité d'électricité.

L'équivalent électrochimique est proportionnel à l'équivalent chimique.

L'électrochimie est traitée dans le Chapitre XII.

Effets mécaniques. — Les effets mécaniques consistent surtout dans l'attraction et la répulsion qui se manifestent entre courants et aimants. On en trouvera le détail dans les Chapitres IV et IX.

Conservation de l'énergie.

Ces différents effets peuvent se produire à la fois dans un même circuit, c'est-à-dire qu'on peut avoir en même temps production de travail calorifique et lumineux, de travail chimique et de travail mécanique; il en est un, d'ailleurs, qui se produit toujours, quoique plus ou moins sensible : c'est le travail calorifique dû aux résistances du circuit.

Si l'on fait la somme de tous ces travaux, on retrouve intégralement le travail primitif qui leur a donné naissance. Le courant n'a servi qu'à emmagasiner l'énergie initiale de la source d'électricité pour la distribuer sur les différents points du circuit et la restituer sous les diverses formes que nous venons d'examiner.

Ce principe est d'une fécondité remarquable et s'appelle *principe de la conservation de l'énergie ;* il peut s'énoncer ainsi : dans la nature, rien ne se perd, rien ne se crée ; il n'y a que des transformations successives d'une énergie initiale. L'électricité est le principal agent de ces transformations, et permet de les effectuer à distance.

CHAPITRE II.

NOTIONS SUR LES CHARGES.

Définitions.

Reprenons la comparaison du courant électrique avec la circulation d'un fluide dans un tuyau ; supprimons le tuyau, adaptons des robinets aux ouvertures O et O' et faisons mouvoir le piston dans le sens de la flèche, après avoir fermé les robinets (*fig.* 6). Il va se produire

Fig. 6.

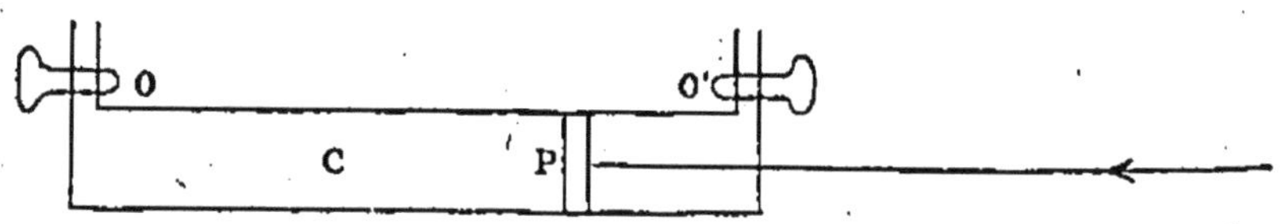

encore une compression de fluide à gauche du piston et une dilatation à droite ; mais ces deux effets ont une limite pour laquelle le fluide fait équilibre à la force qui agit sur le piston. A partir du moment où cette limite est atteinte, le piston reste immobile, et le fluide se trouve dans un tel état que, si l'on venait à réunir les deux ouvertures par un tuyau et à ouvrir les robinets, la circulation que nous avons étudiée dans le Chapitre précédent se produirait immédiatement.

Charge et décharge ; potentiel. — Dans cet état

spécial, le fluide a emmagasiné une certaine pression ; en d'autres termes, *il possède un potentiel;* on peut dire aussi qu'il existe une *charge* de fluide, qui est prête à produire une *décharge* entre les ouvertures O et O', en vertu de la *différence des potentiels* du fluide en ces deux points.

Si maintenant nous revenons à la notion électrique, nous avons, par analogie, les phénomènes suivants :

Par suite du travail qui se produit à l'intérieur de la source électrique, une certaine quantité d'électricité est développée et se trouve disponible aux bornes P et P'. Cette électricité s'accumule rapidement jusqu'à ce qu'elle soit à un certain état de pression ou de *potentiel* limite ; à partir de ce moment, cette pression fait équilibre au travail intérieur qui se produit dans la source, et l'électricité possède une *charge*, qui peut donner lieu à une *décharge*, en vertu de la *différence des potentiels* entre les bornes. Si l'on vient à réunir celles-ci par un conducteur ou par une suite de conducteurs, le courant se produit, à la condition que la somme des résistances des conducteurs puisse être surmontée par la force électromotrice de la source.

Lorsqu'on fait communiquer les deux bornes entre elles par un circuit conducteur continu, le courant se manifeste et l'on dit que *le circuit est fermé;* dès qu'on pratique une discontinuité dans le circuit, le courant cesse ; on dit alors que *le circuit est ouvert.*

État statique. — L'état de l'électricité au repos est appelé *statique,* par opposition avec l'état de mouvement, ou *dynamique,* que nous avons étudié dans le Chapitre précédent.

Souvent on supprime la désignation d'état, et l'on

dit simplement *électricité statique, électricité dynamique.*

Ce sont les phénomènes produits par l'état statique qui furent observés les premiers. Les philosophes de l'antiquité connaissaient les phénomènes d'attraction dus au frottement de l'ambre (en grec ἠλεκτρον, d'où *électricité*); puis on remarqua que le verre, frotté avec de la soie, prenait une certaine charge d'électricité, qu'on appela *positive* ou *vitreuse*, et que la résine, le caoutchouc, frottés avec de la flanelle, prenaient une charge possédant d'autres propriétés, qu'on appela *négative* ou *résineuse*. Symmer supposa que ces corps contenaient un fluide à l'état neutre, formé de fluide positif et de fluide négatif, et que le frottement rendait libres ces derniers. On constata, de plus, que deux fluides s'attiraient s'ils étaient de noms contraires, et se repoussaient s'ils étaient de même nom.

Ces expressions de *positif* et de *négatif* sont restées dans la science, bien qu'on ait reconnu la fausseté de l'hypothèse des deux fluides. On peut, il est vrai, leur donner un sens en accord avec les connaissances actuelles; il suffit, pour cela, de convenir qu'on appellera, dans toute source électrique, *pôle positif* celui duquel part, dans l'état dynamique, ou peut partir, dans l'état statique, le courant, que ce soit un courant d'une durée appréciable ou bien un courant instantané comme une simple décharge. On peut dire aussi que la pression et le potentiel sont *positifs* au pôle d'où part le courant. L'autre pôle est dit *négatif*, ainsi que la pression et le potentiel correspondants.

Loi de Coulomb.

L'attraction ou la répulsion de deux corps chargés d'électricité est proportionnelle au produit des charges et inversement proportionnelle au carré de leur distance.

Soient

f la force d'attraction ou de répulsion;
q, q' les charges ou quantités d'électricité développées sur les deux corps et prises en valeur absolue;
d leur distance.

La loi de Coulomb peut s'écrire

$$f = \frac{qq'}{d^2}.$$

Les charges d'électricité se portent à la surface des corps et s'accumulent sur les parties pointues.

On appelle *densité électrique* d'une portion de conducteur la quantité d'électricité que possède en cet endroit l'unité de surface du conducteur.

La capacité *électrostatique* d'un corps a pour mesure la quantité d'électricité qu'il faut lui donner pour élever son potentiel d'une unité.

Action d'influence.

Tout corps possédant une charge d'électricité exerce sur tout autre corps placé dans un certain rayon une action d'*influence*. Cette action a pour effet de déterminer sur les parties du corps influencé les plus voisines du corps influençant une charge électrique de nom contraire à celle de ce dernier corps, de sorte qu'il se produit, comme nous venons de le voir, et conformément à la loi de Coulomb, une attraction entre les charges en présence, qui s'accumulent sur les parties les plus voisines. Si la résistance du milieu interposé peut être surmontée par la force électromotrice qui résulte de la différence des potentiels des deux charges, il se produit une décharge. Nous avons vu que l'électricité s'accumule sur les pointes : il résulte alors de la loi de Coulomb que la force attractive est plus grande sur les pointes que sur les parties voisines, et que cette forme favorise la décharge. Ce pouvoir des pointes est appliqué dans les paratonnerres, qui permettent d'obtenir l'écoulement graduel dans l'atmosphère des charges électriques determinées à la surface du sol par l'action d'influence des nuages orageux ; il se produit alors un mélange de charges de noms contraires qui s'annulent.

Diélectrique. — Si la résistance du milieu ne peut être vaincue, les deux charges restent de part et d'autre de ce milieu ; elles s'accumulent et *se condensent* en vertu de leur attraction réciproque. Le milieu interposé, qui laisse passer l'action d'influence, tout en s'opposant à la décharge, est un *diélectrique*. C'est un isolant.

En réalité, comme il n'existe pas de corps parfaitement isolant, il se produit une décharge lente, et la charge se perd au bout d'un temps plus ou moins long, suivant la résistance plus ou moins grande du diélectrique.

Capacité inductive. — L'action à distance d'un corps électrisé sur un autre s'appelle *induction*. La façon dont le diélectrique laisse passer l'action inductive d'un corps électrisé détermine sa *capacité inductive*, et l'on appelle *capacité inductive spécifique* d'un diélectrique le rapport de sa capacité inductive à celle d'une lame d'air prise pour unité ; cet air est supposé à une température de $0°$ C., et à une pression de 760^{mm} de mercure.

Condensateur. — Un *condensateur* est formé par l'ensemble de deux corps chargés et du diélectrique.

La *bouteille de Leyde,* qui est un condensateur classique, se compose d'un récipient en verre, contenant à l'intérieur des feuilles métalliques et recouvert à l'extérieur d'une feuille de papier d'étain ; là, le diélectrique est le verre.

Les *câbles sous-marins et souterrains* sont aussi des condensateurs ; le diélectrique est l'enveloppe isolante de gutta-percha, caoutchouc ou ruban goudronné, qui recouvre les fils métalliques ; ceux-ci exercent une action d'influence, au travers de ce diélectrique, sur l'eau et sur la terre, et déterminent dans ces substances, au contact de l'isolant, une charge à un potentiel de signe contraire à celui des fils.

La *capacité* d'un condensateur a pour mesure la quantité d'électricité qu'il possède à l'unité de potentiel.

Pour charger un condensateur, on met en communication les deux armatures avec les deux pôles d'une source électrique, ou bien on fait communiquer l'un des pôles avec une armature, l'autre pôle et l'autre armature avec la terre, qui fait alors l'office de conducteur de grande capacité.

La charge que peut prendre un condensateur a pour valeur le produit de sa capacité par le potentiel de charge.

Électricité dynamique. — Électricité statique

On pensait autrefois, en constatant la différence d
effets que produit l'électricité suivant qu'elle est à l'él
de mouvement ou de repos, avoir affaire à deux électi
cités d'espèces réellement distinctes. On ne voyait,
effet, d'une part, que les phénomènes d'attraction,
répulsion, de décharge violente, que produisent les m
chines à frottements à potentiels énormes, et, d'aul
part, que les phénomènes de transport, d'échaufl
ment, etc., déterminés par les courants des pile
Comme les appareils et les effets produits étaient
natures différentes, on s'imaginait que les espèces d'
lectricités étaient aussi différentes. De là les dénomin
tions d'*électricité statique* et d'*électricité dynamiq*
données à ces deux électricités, et celles d'*appareils d'*
lectricité statique et d'*électricité dynamique* donné
respectivement aux machines à frottement et aux pile

.Aujourd'hui il est bien reconnu qu'il n'y a qu'u
seule espèce d'électricité, et que, si ses effets varier
cela tient uniquement à l'état de repos ou de mouv
ment et au degré de potentiel dans lesquels elle se trouv

CHAPITRE III.

MAGNÉTISME.

Définitions.

On appelle *aimants* les corps qui ont la propriété d'attirer le fer, et *magnétisme* l'étude et la cause de ce phénomène.

On trouve dans la nature un oxyde de fer (dont la formule chimique est Fe^3O^4), qui possède cette propriété à un haut degré : c'est un *aimant naturel*. Mais on peut en créer d'artificiels en frottant un barreau de fer avec un aimant naturel. Si ce barreau est en *fer doux*, il ne conserve pas l'aimantation ; s'il est en *acier*, celle-ci persiste. Cette force qui maintient l'aimantation dans l'acier s'appelle *force coercitive*.

Quelle que soit la cause qui développe l'aimantation d'un aimant, que celui-ci soit naturel ou artificiel, les phénomènes produits sont les mêmes.

Si l'on plonge un aimant dans de la limaille de fer, on voit les particules de celle-ci attirées d'une façon bien différente par les diverses parties de l'aimant ; l'action est maximum aux deux extrémités A et B de l'aimant et nulle au milieu C (*fig.* 7).

Cet effet d'attraction se produit même à distance, à travers les corps qui ne sont pas magnétiques ; on peut ainsi constater la façon dont varie l'action d'un bout à l'autre d'un barreau aimanté, en disposant celui-ci au-

dessous d'une feuille de papier sur laquelle on répand
de la limaille de fer.

Les deux extrémités du barreau où l'action est maximum s'appellent *pôles* de l'aimant, la ligne médiane où
l'action est nulle se nomme *ligne neutre*.

La portion de l'espace dans laquelle s'exerce cette action d'un aimant s'appelle *champ magnétique ;* elle est
plus ou moins étendue suivant que l'aimant est plus ou
moins énergique.

Dans l'attraction de la limaille, l'effet se répartit suivant des lignes bien nettes et déterminées, qui marquent
les directions dans lesquelles se manifeste la force ma-

Fig. 7.

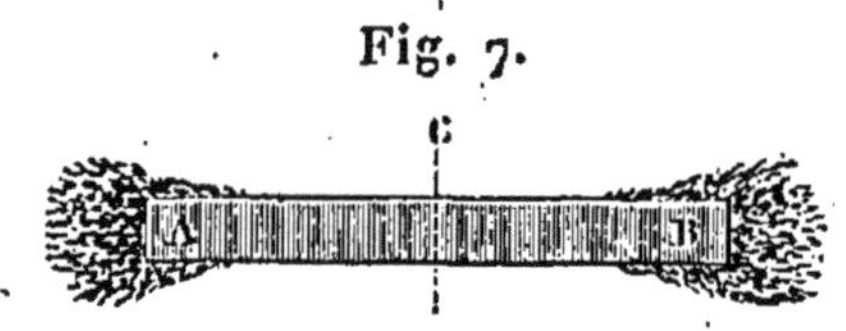

gnétique ; on a donné à ces lignes le nom de *lignes de
force*. C'est leur ensemble qui constitue le champ magnétique. La *fig.* 8 montre la disposition de ces lignes
de force autour des deux pôles d'un aimant en fer à
cheval.

Si l'on suspend un barreau aimanté à un fil, ou qu'on
le dispose sur un pivot de façon qu'il puisse se déplacer
librement autour d'un axe vertical, on constate qu'il
s'oriente d'une façon déterminée ; si on le dérange de
cette position, il y revient après un certain nombre d'oscillations. L'un des pôles se dirige toujours vers le nord,
tandis que l'autre se tourne toujours vers le sud. On les
distingue en appelant le premier *pôle nord,* et le second
pôle sud.

Un barreau aimanté agit à distance sur un barreau
de fer et détermine dans celui-ci deux pôles, dont cha-

cun est de nom contraire à celui du pôle du barreau aimanté qui en est le plus rapproché ; c'est une action d'influence analogue à celle que nous avons constatée pour l'électricité statique.

Deux pôles de noms contraires s'attirent ; deux pôles de même nom se repoussent.

L'attraction ou la répulsion f qui s'exerce entre

Fig. 8.

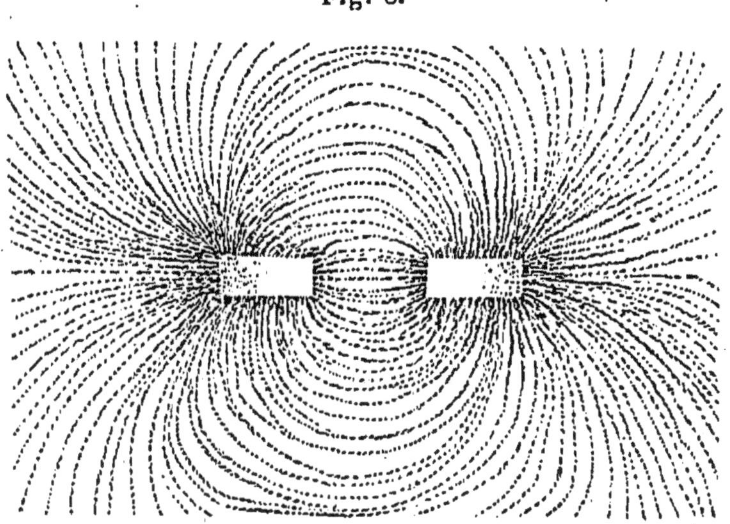

deux pôles est proportionnelle aux quantités q et q' de magnétisme de ces pôles, et inversement proportionnelle au carré de leur distance d

$$f = \frac{qq'}{d^2}.$$

C'est la loi de Coulomb pour le magnétisme.

Magnétisme terrestre.

Pôle boréal, austral. — Pour expliquer l'orientation du barreau aimanté librement suspendu, on supposait autrefois que la Terre était traversée par un aimant gigantesque ayant un pôle nord du côté du pôle nord de la Terre, et un pôle sud du côté du pôle sud de la Terre.

On admettait que le fer contenait un fluide magnétique, à l'état neutre dans les barreaux non aimantés, mais se décomposant, au moment de l'aimantation, en deux autres appelés l'un *fluide austral,* d'où le nom de *pôle austral,* se dirigeant vers le pôle nord de la Terre, l'autre *fluide boréal,* d'où le nom de *pôle boréal,* se dirigeant vers le pôle sud.

Ces hypothèses sont abandonnées aujourd'hui, comme nous le verrons dans le Chapitre suivant.

Déclinaison, inclinaison. — Quelle que soit la cause qui produit l'orientation d'un barreau aimanté, les lois de cette orientation sont les suivantes :

Le plan vertical qui passe par le barreau orienté, et qui porte le nom de *méridien magnétique,* fait avec le méridien géographique un angle nommé *déclinaison;* la valeur de cet angle est variable; elle était de $15°$ et quelques minutes à l'ouest, à Paris (Saint-Maur), le 1er janvier 1899; elle diminue de $5'$ environ par an.

Le pôle nord, ou austral, d'un aimant librement suspendu plonge au-dessous de l'horizon et fait avec celui-ci un angle appelé *inclinaison.* Sa valeur était de $65°$ et quelques minutes à Paris le 1er janvier 1899. Elle diminue de $1'$ à $2'$ par an.

Système astatique. — L'action du magnétisme terrestre sur un barreau aimanté peut être atténuée et même supprimée si l'on dispose à une faible distance, au-dessus ou au-dessous, et relié invariablement au premier, un second barreau identique, mais placé de façon, que les pôles en présence dans les deux barreaux soient de noms contraires ; l'action terrestre est de sens contraire sur les deux barreaux, et l'orientation n'a plus lieu ; ce système est appelé *astatique*.

Effets des actions extérieures sur le magnétisme.

Un barreau de fer peut s'aimanter sous l'influence du magnétisme terrestre, à la condition d'être placé dans la position d'un barreau orienté. Toute action mécanique, telle que choc, torsion, écrouissage, exercée sur un barreau de fer quand il est orienté, et, en général, lorsqu'il est soumis à une influence qui l'aimante, a pour résultat de lui conserver cette aimantation, en lui donnant une force coercitive. La trempe produit le même effet.

La chaleur détruit le magnétisme.

Aimants composés.

On obtient des aimants puissants en les composant d'un certain nombre de lames que l'on aimante séparément. L'action d'un tel aimant est de beaucoup plus énergique que celle d'un aimant d'une seule pièce qui aurait les mêmes dimensions.

Armatures.

On appelle *armatures* des pièces de fer que l'on applique sur les pôles des aimants pour concentrer et retenir le magnétisme sur ces points.

Force portative. — Contact.

La *force portative* d'un aimant est représentée par le poids qu'il peut soulever. Pour faire agir les deux pôles, on donne au barreau aimanté la forme d'un fer à cheval, et l'on termine ces pôles par deux facettes placées dans un même plan (*fig.* 9). Si l'on applique sur ces facettes

Fig. 9.

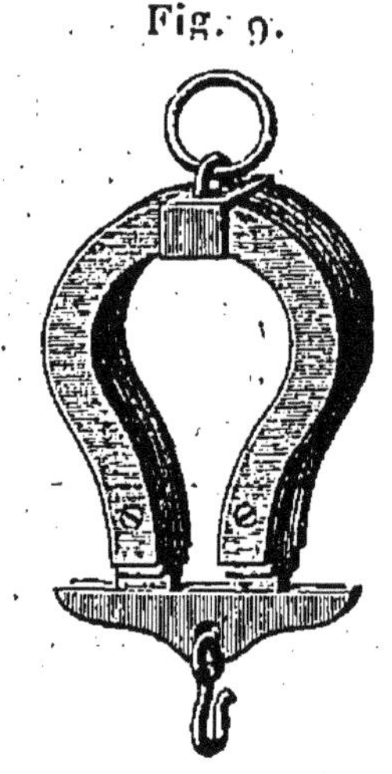

une pièce de fer doux, nommée *contact*, elle s'aimante énergiquement sous l'influence des deux pôles, et est capable de supporter un poids bien supérieur au double de celui que supporterait un seul pôle.

La force portative augmente pendant un certain temps jusqu'à une certaine limite, et revient à sa valeur primitive dès que le contact est séparé de l'aimant. Il se produit là une sorte de condensation, analogue à celle qui a lieu pour les charges électriques.

Procédés d'aimantation.

On peut aimanter un barreau de fer en le frottant avec un pôle d'aimant; mais le procédé qui est le plus employé aujourd'hui, et qui donne l'aimantation la plus énergique, consiste à placer le barreau dans une bobine dont le fil est parcouru par un courant intense (*voir* Chap. IV).

Métaux magnétiques.

D'autres métaux que le fer sont magnétiques : tels sont le nickel, le cobalt, le chrome, le manganèse; mais aucun d'eux ne l'est autant que le fer.

CHAPITRE IV.

ÉLECTROMAGNÉTISME.

Action des courants sur les aimants.

Lois. — OErstedt a découvert en 1820, à Copenhague, qu'un courant électrique fait dévier une aiguille aimantée placée dans le voisinage ; *l'aiguille tend à s'orienter perpendiculairement à la direction du courant.* Cette expérience est la base de la branche si importante de l'Électricité qui a pour but l'étude de l'action réciproque des courants et des aimants et qui est désignée sous le nom d'*électromagnétisme.*

Ampère a trouvé pour le sens de cette déviation la règle suivante (*fig.* 10) : *Le pôle nord, ou austral, se*

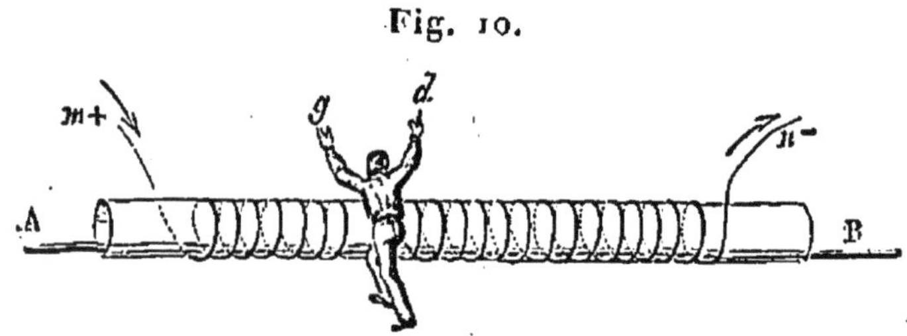

Fig. 10.

porte vers la gauche d'un observateur qui regarde l'aimant et qui est placé sur le conducteur de façon que le courant entre par les pieds et sorte par la tête.

La loi suivant laquelle cette action varie avec la distance a été étudiée par Biot et Savart; ils ont montré, en particulier, que, dans le cas d'un petit aimant sur lequel agit un courant rectiligne indéfini, c'est-à-dire assez long pour que ses extrémités n'exercent plus d'influence sensible sur l'aimant, *l'action du courant sur chaque pôle est inversement proportionnelle à la distance.*

Laplace a déduit des recherches de Biot et Savart que : *la force f exercée par un petit élément de courant très court sur chaque pôle est inversement proportionnelle au carré de la distance r, et proportionnelle :* 1° *à la masse magnétique m du pôle,* 2° *à l'intensité i du courant,* 3° *à la longueur ds du petit élément de courant,* 4° *au sinus de l'angle α que fait ledit élément avec la droite qui joint une de ses extrémités au pôle considéré.* La loi de Laplace se représente alors par la formule $f = \dfrac{h\,mi\,ds\,\sin\alpha}{r^2}$.

On convient de prendre égal à 1 le coefficient de proportionnalité h; l'intensité est alors définie par la valeur de i tirée de cette formule, comme on le verra au Chapitre VI à propos des unités.

La force f est perpendiculaire au plan déterminé par l'élément de courant et par le pôle d'aimant, et tend à porter un pôle nord à gauche du courant, un pôle sud à droite. Le Calcul intégral, appliqué à la formule de Laplace, donne le moyen de faire la somme de toutes ces forces élémentaires le long d'un circuit de forme géométrique déterminée.

Solénoïdes et bobines. — On appelle *solénoïde* une suite AB (*fig.* 11) de petits courants circulaires, de même sens, régulièrement espacés, dont les plans sont

perpendiculaires à la ligne qui joint leurs centres. Pour
réaliser pratiquement, mais aussi approximativement,
un semblable système, il suffit d'enrouler un fil conduc-

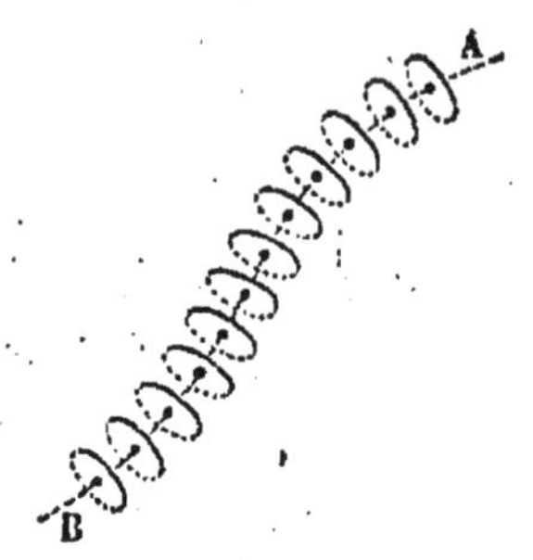

Fig. 11.

teur autour d'une tige cylindrique, de façon que les
spires soient très rapprochées les unes des autres, en
prenant toutefois la précaution de recouvrir le fil d'un
isolant, pour que le courant ne passe pas d'une spire à

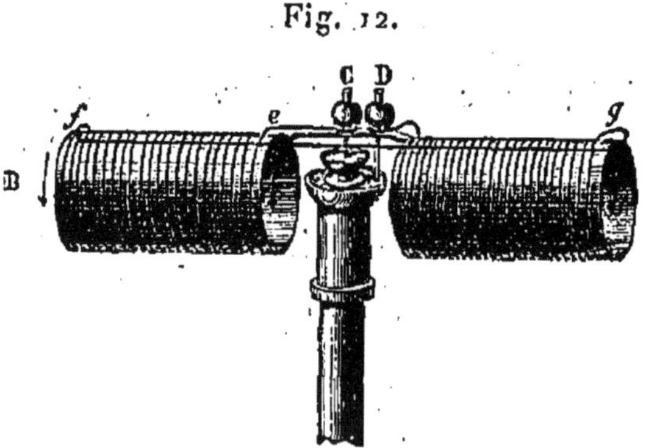

Fig. 12.

la suivante par simple contact (*fg*. 12). On a alors une
bobine.

Analogie des solénoïdes et des aimants. — Les solénoïdes ou bobines jouissent de propriétés remarquables
découvertes par Ampère :

1° Un solénoïde parcouru par un courant et suspendu librement dans un champ électrique s'oriente conformément aux lois précédentes ; chaque spire tend à se placer parallèlement au courant qui engendre le champ ; l'axe du solénoïde est donc sollicité à se mettre en croix avec ce courant.

2° Lorsqu'on abandonne un solénoïde à lui-même, son axe se dirige suivant une ligne à peu près nord-sud. Les extrémités du solénoïde jouissent donc des mêmes propriétés d'orientation que les pôles d'un aimant. Pour reconnaître la nature des pôles d'un solénoïde, on se sert de la règle d'Ampère. Si l'on suppose un homme couché sur le fil formant le solénoïde, de façon qu'il regarde l'axe, et que le courant entre par les pieds et sorte par la tête, le pôle nord est à sa gauche, et le pôle sud à sa droite. Ou bien encore, l'extrémité à laquelle le courant circule dans le sens des aiguilles d'une montre, pour un observateur placé à l'extérieur et en face de cette extrémité, est le pôle sud ; l'autre est le pôle nord.

3° Les pôles de deux solénoïdes s'attirent s'ils sont de noms contraires ; cela résulte de ce que les courants qui parcourent les spires en présence sont de même sens. Les pôles de même nom se repoussent.

4° L'action d'un solénoïde sur un barreau aimanté est la même que celle d'un barreau aimanté sur un autre ; et réciproquement.

Les solénoïdes se comportent donc comme des barreaux aimantés, et tout se passe comme si ceux-ci étaient formés de faisceaux de solénoïdes. De cette comparaison découle l'hypothèse de courants particulaires existant autour des molécules du fer ; lorsque le fer n'est pas aimanté, ces courants circulent en tous sens, de sorte que leur action résultante est nulle ; lorsque le fer s'aimante, tous ces courants circulent dans le même sens, s'orientent, et leur action-résultante forme ce qu'on appelle la *puissance magnétique de l'aimant.*

Le sens de ces courants moléculaires est facile à trouver, d'après la loi du personnage d'Ampère; si l'on regarde le pôle sud, leur sens est celui du mouvement des aiguilles d'une montre.

Champ des courants. — Les lignes de force du champ magnétique produit par un courant rectiligne sont des circonférences qui ont leurs centres sur le courant et dont les plans sont perpendiculaires à celui-ci. Dans une bobine, les lignes de force sont des courbes fermées qui entourent le fil et dont les plans sont perpendiculaires à celui-ci.

Bobine avec noyau de fer; électro-aimant. — Arago et Ampère ont trouvé que, si l'on place à l'intérieur d'un fil enroulé en hélice et isolé un barreau de fer, ce dernier s'aimante sous l'influence du passage d'un courant, en présentant des pôles orientés comme ceux de l'aimant équivalent à l'hélice. Autrement dit, le sens est le même pour le courant de l'hélice et pour les courants particuliers du barreau.

Si le fer est trempé (acier) et possède une force coercitive, l'aimantation persiste après le courant; c'est le procédé dont on se sert dans l'industrie pour aimanter.

Si le fer est doux et non forgé, l'effet est passager, et l'aimantation cesse avec le courant; on a alors un *électro-aimant.* La *fig.* 13 représente un électro-aimant en forme de fer à cheval, portant en M et N deux bobines enroulées de telle sorte que les deux courants sur la pièce redressée seraient de même sens; le pôle sud ou

boréal est à l'extrémité B où un observateur placé à
l'extérieur et sur l'axe verrait le courant circuler dans
le sens des aiguilles d'une montre; le pôle nord ou
austral est en A.

Le champ magnétique d'une bobine est considérablement renforcé par la présence d'un noyau de fer doux;

Fig. 13.

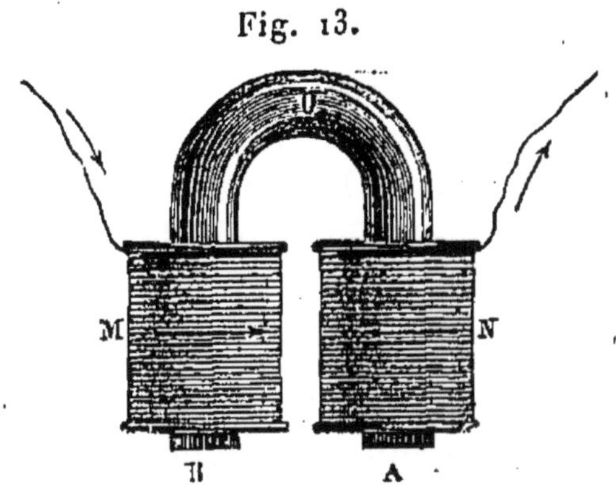

aussi cette addition est-elle employée toutes les fois que
l'on veut avoir un champ puissant.

Un électro-aimant peut donc servir soit à produire
une aimantation et, par suite, l'attraction d'une pièce
mobile de fer doux pendant le passage du courant, soit
à développer un champ magnétique intense, constant ou
variable. De là, d'innombrables applications, telles que
machines, régulateurs de lumière, appareils de télégraphie, sonneries, etc., dont le détail sera exposé dans les
Chapitres suivants.

Aspiration d'un noyau de fer doux par une bobine.
— Supposons que le noyau de fer doux soit mobile par
rapport à la bobine et peu engagé dans celle-ci; dès que
le courant passe, le noyau s'aimante de telle sorte qu'il
est *aspiré* par la bobine, et sa ligne neutre tend à venir

se placer au milieu de la bobine. Cet effet, qui s'explique facilement par les considérations précédentes, est utilisé pour manœuvrer certains organes, en particulier dans des régulateurs de lumière électrique.

Perméabilité. — Les lignes de force du champ magnétisant se condensent, se resserrent, dans le fer; le degré plus ou moins grand de cette concentration caractérise le degré de *perméabilité* du fer. Cette expression vient de la comparaison du magnétisme avec un fluide qui pénètre dans l'intérieur de la substance; le *flux* magnétique est d'autant plus intense que les lignes de force sont plus resserrées.

Circuit magnétique. — Le circuit magnétique d'un aimant est formé de la suite des lignes de force à l'intérieur et à l'extérieur de l'aimant; lorsque les pôles de celui-ci sont en contact avec une pièce de fer qui les réunit, le circuit magnétique est *fermé;* tel est le cas d'un aimant muni d'un contact (*fig.* 9). Lorsque les lignes de force sont obligées de traverser une autre substance que le fer, l'air par exemple, le circuit magnétique est *ouvert* (*fig.* 8).

On comprend que l'intensité du flux magnétique soit diminuée par une grande longueur et une petite section des pièces de fer à traverser, ainsi que par l'interposition d'autres milieux, tels que l'air; il y a, pour ces motifs, une certaine résistance, à laquelle on donne le nom de *réluctance,* pour éviter toute confusion avec la résistance électrique.

Magnétisme rémanent; hystérésis. — Comme le fer n'est jamais parfaitement doux, il conserve toujours, après l'aimantation, des traces de magnétisme; c'est le *magnétisme rémanent.*

Soumettons un barreau de fer à une force magnétique croissante, l'aimantation augmente jusqu'à la limite de la *saturation.* Diminuons ensuite la force magnétisante jusqu'à ce qu'elle devienne nulle; à ce moment, le barreau garde l'aimantation rémanente. Faisons agir maintenant une force magnétisante de sens contraire à la précédente, avec pôles inversés; elle détruit d'abord le magnétisme rémanent du barreau, puis fait changer le sens de l'aimantation, qui augmente encore, avec ce signe contraire, jusqu'à une nouvelle saturation; et ainsi de suite. On voit ainsi que, lorsqu'on soumet le barreau à des forces magnétiques successives de sens contraires, le magnétisme rémanent a pour effet de produire un *retard* du magnétisme du barreau sur la force magnétisante; c'est ce qu'on appelle l'*hystérésis* du fer.

On comprend qu'il doit y avoir de ce fait une perte d'énergie, puisqu'une partie de la force magnétisante est consacrée à détruire le magnétisme rémanent à chaque changement de sens de l'aimantation; cette perte correspond à un travail interne qui se manifeste sous forme de chaleur. Nous retrouverons l'hystérésis à propos des courants alternatifs.

Action des aimants sur les courants.

Les propriétés des solénoïdes nous ont déjà montré qu'un tel système de courant peut être influencé par un aimant; ce phénomène est général et s'applique à toute forme de courant.

La grandeur de la force ainsi développée est encore donnée par la formule de Laplace citée plus haut.

Le sens du déplacement est toujours défini par la loi du personnage d'Ampère : le courant se déplace de façon que le personnage aît à sa gauche le pôle nord de l'aimant. En particulier, le magnétisme terrestre tend à orienter les courants mobiles; ainsi, un courant vertical ascendant est poussé vers l'est; et un courant descendant, vers l'ouest.

De même que pour les aimants (Chap. III), on peut réaliser un système de courant *astatique,* c'est-à-dire insensible à l'orientation du magnétisme terrestre, en donnant à ce courant une forme croisée telle que les actions de la terre sur ses différentes parties se fassent équilibre. Cette disposition a d'abord été réalisée par Ampère pour rendre insensibles à l'influence de la terre les courants mobiles sur lesquels il étudiait l'action des aimants et des courants.

Action des courants sur les courants.

Les lois relatives à cette action ont été trouvées par Ampère.

Deux courants de même sens s'attirent; deux courants de sens contraires se repoussent.

La force, attractive ou répulsive, développée par deux petits éléments de circuit, est inversement proportionnelle au carré de leur distance, et proportionnelle : 1° au produit des intensités des deux courants, 2° au produit des longueurs des deux petits éléments, 3° à un certain facteur dépendant des angles formés par ces éléments entre eux et avec la droite qui joint leurs milieux.

Comme pour la formule de Laplace, le Calcul intégral

donne le moyen de faire la somme de toutes ces forces élémentaires le long de circuits de forme géométrique déterminée.

L'action des courants sur les courants est appliquée, en particulier, dans l'électrodynamomètre (Chap. VII).

Moteurs électriques.

En résumé, tout courant engendre un champ comparable à celui d'un aimant, et le champ d'une bobine est considérablement renforcé par un noyau de fer doux ; les actions mécaniques exercées par des courants et pièces de fer fixes sur des courants et pièces de fer mobiles déterminent, dans des appareils convenablement organisés, un mouvement de rotation ; on a ainsi des *moteurs électriques* (Chap. IX).

CHAPITRE V.

INDUCTION.

Expériences fondamentales.

Considérons une bobine dont les extrémités sont mises en communication avec un galvanomètre, et approchons le pôle d'un barreau aimanté. A chaque déplacement de l'aimant se manifeste une déviation du galvanomètre qui indique dans le fil de la bobine un courant instantané n'ayant que la durée même du déplacement. Si l'on arrête l'aimant, le courant cesse. Si l'on éloigne l'aimant, le courant est de sens contraire au premier. Enfin, si l'on retourne l'aimant de façon à faire agir l'autre pôle, les phénomènes sont inverses. L'approche ou l'éloignement d'un pôle d'aimant suffit donc pour développer dans le fil de la bobine une force électromotrice. On donne à ce phénomène le nom d'*induction;* l'aimant qui y donne lieu est dit *inducteur,* et le courant est *induit.* Le *champ,* ou région de l'espace dans laquelle cet effet se manifeste, renferme l'ensemble des *lignes de force* de l'aimant.

Supposons maintenant que l'on approche l'aimant de façon à le maintenir dans l'axe de la bobine, et faisons-le entrer, par son pôle nord, par exemple, dans celle-ci, en opérant par petits déplacements successifs ; nous observons les faits suivants :

1° Le sens des déviations du galvanomètre, c'est-à-dire le sens des courants produits par les déplacements de l'aimant, reste le même tant que la *ligne neutre de l'aimant* n'est pas parvenue *au milieu de la bobine;* si l'on continue à avancer, le courant change de sens.

2° Si les déplacements successifs du barreau sont effectués avec des vitesses égales, on constate que les déviations du galvanomètre vont d'abord en augmentant au fur et à mesure que le pôle nord approche de l'entrée de la bobine, puis atteignent un maximum et diminuent jusqu'à devenir nulles pour le passage de la ligne neutre au milieu de la bobine. A ce moment, la force électromotrice s'annule en changeant de sens.

3° Si l'on opère le même de ces déplacements avec des vitesses différentes, on constate que la déviation, c'est-à-dire la force électromotrice, augmente avec la vitesse.

4° Lorsqu'on répète ces expériences après avoir retourné l'aimant, la force électromotrice induite est aussi changée de sens.

Les aimants ne sont pas seuls à produire des courants d'induction ; les mêmes phénomènes se produisent, en effet, lorsqu'on substitue à l'aimant mobile une bobine parcourue par un courant, lequel est dit alors *inducteur*.

Dans ce qui précède, l'induction est due au *déplacement* relatif d'un aimant ou d'un courant constant par rapport à la bobine induite. Ce déplacement peut être remplacé par une *variation d'intensité* du courant inducteur maintenu à distance constante de la bobine ; cette variation développe une force électromotrice induite ; une augmentation d'intensité du courant inducteur correspond à un rapprochement, et une diminution de l'intensité, à un éloignement.

Lois.

En résumé, et d'une façon générale, toute variation
dans le nombre des lignes de force qui traversent les
spires de la bobine, autrement dit toute variation du
champ dans lequel ces spires sont plongées, détermine
dans la bobine une force électromotrice induite.

On peut trouver facilement, par exemple au moyen
des expériences décrites ci-dessus, la loi qui régit le sens
de cette force électromotrice : *Quand l'intensité du
champ augmente sur le conducteur qui y est plongé,
le courant induit est inverse, c'est-à-dire de sens contraire au courant inducteur; quand l'intensité du
champ diminue, le courant induit est direct, c'est-
à-dire de même sens que le courant inducteur.*

L'application de cette loi, dans le cas où l'inducteur
est un aimant, exige que l'on connaisse le sens du courant du solénoïde qui pourrait produire le même effet
que cet aimant; nous rappelons que, pour un observateur placé à l'extérieur et en face d'un pôle sud, le sens
de ce courant est le même que celui du mouvement des
aiguilles d'une montre.

On peut aussi appliquer la loi de Lenz qui fait intervenir la réaction exercée par l'induit sur l'inducteur :
*Le courant induit a un sens tel qu'il s'oppose au dé-
placement relatif du circuit induit et de l'aimant ou
du courant inducteur.* Si l'on se rappelle que deux
courants parallèles s'attirent quand ils sont de même
sens et se repoussent quand ils sont de sens contraires,
on trouvera facilement dans chaque cas, au moyen de la
loi de Lenz, le sens du courant induit. En particulier,

si nous nous reportons à l'expérience d'un pôle nord qui *s'approche* d'une bobine, le courant induit devra être tel qu'il *repousse* ce pôle, et sera, par conséquent, de *sens contraire* aux courants particulaires de celui-ci.

Quant à la grandeur de la force électromotrice induite, elle est régie par la loi de Faraday : *La force électromotrice induite dans un conducteur plongé dans un champ magnétique est proportionnelle au nombre de lignes de force coupées dans l'unité de temps.* Cette loi renferme les trois sortes d'action qui influent sur la force électromotrice : car le nombre des lignes de force coupées dans l'unité de temps est proportionnel : 1° à l'intensité du champ, puisqu'elles sont d'autant plus serrées que le champ est plus intense; 2° à la vitesse du déplacement perpendiculairement aux lignes de force; 3° à la longueur du conducteur plongée dans le champ.

On dit souvent aussi que *la force électromotrice induite est proportionnelle à la variation du flux magnétique dans l'unité de temps.*

Self-induction.

Les différentes parties d'un circuit agissent les unes sur les autres et donnent lieu à une induction du courant sur lui-même lorsque son intensité varie; c'est ce qu'on appelle *self-induction* (induction sur soi-même). Lorsque le courant commence, il se produit un courant induit inverse et, lorsqu'il cesse, un courant induit direct; ces courants induits qui viennent se superposer au courant inducteur dans le même fil s'appellent *extra-courants.*

Il est utile de remarquer que, conformément à la loi de Lenz, la self-induction tend à s'opposer à l'établissement du courant qui commence à passer dans le conducteur; elle joue, par conséquent, pendant la période d'accroissement de l'intensité, le même rôle qu'une résistance. Au contraire, pendant la période de diminution de l'intensité, la self-induction produit un effet qui s'ajoute au courant; en particulier, l'extra-courant de rupture est accompagné d'une forte étincelle.

Machines électriques.

Les machines électriques dérivent des principes qui précèdent; elles sont formées, d'une part, de bobines et pièces de fer qui composent le système inducteur, et, d'autre part, de bobines avec ou sans noyaux de fer doux dans lesquelles se développent les courants induits par suite des variations du champ. L'étude de ces machines est comprise dans le Chapitre VIII.

CHAPITRE VI.

UNITÉS.

Système C.G.S.

Un Congrès international d'électriciens, réuni à Paris en 1881, s'est occupé de rendre uniformes les unités servant à mesurer les différents éléments des courants et des charges électriques, en reprenant les travaux commencés en Angleterre par l'Association britannique.

Les unités adoptées comme points de départ pour la mesure des *longueurs*, des *forces* et des *temps* sont : le *centimètre*; le *gramme*, ou plutôt la *dyne*, force qui imprime à la masse du gramme une accélération de $0^m,01$ par seconde; et la *seconde* sexagésimale de temps moyen. Ce système est appelé *système centimètre-gramme-seconde*, ou, par abréviation, C.G.S.

Ce sont des unités mécaniques, puisqu'elles se rapportent au déplacement imprimé par une force.

De là dérivent les unités électriques dites aussi C.G.S. Comme elles sont peu convenables pour la pratique, on en a tiré des unités dites *pratiques*, qui sont des multiples ou sous-multiples décimaux des unités électriques C.G.S. On a donné à ces unités pratiques les noms d'hommes qui se sont illustrés dans l'étude de l'Électricité.

Nous allons d'abord indiquer comment ont été définies les unités C.G.S. des trois éléments principaux du courant : intensité, résistance, force électromotrice; nous passerons ensuite aux unités pratiques.

Unité C.G.S. d'intensité. — L'intensité est définie au moyen de l'action mécanique exercée par un courant sur un aimant et est donnée par la formule de Laplace (p. 33) dans laquelle on prend égal à 1 le coefficient de proportionnalité *h*. On obtient ainsi une unité *électromagnétique* qui s'exprime de la façon suivante :

L'unité C.G.S. d'intensité est l'intensité d'un courant de longueur égale à $0^m,01$ *qui exerce sur un pôle d'aimant ayant l'unité de masse magnétique, situé à* $0^m,01$ *dans une direction normale au courant, une force égale à une dyne.*

Il faut ajouter que : *l'unité de masse magnétique est celle d'un pôle d'aimant qui exerce sur un pôle identique placé à* $0^m,01$ *une force égale à une dyne.*

Unité C.G.S. de résistance. — *L'unité C.G.S. de résistance est la résistance d'un conducteur qui, traversé pendant une seconde par un courant ayant l'unité C.G.S. d'intensité, dégage une quantité de chaleur équivalente à un erg (travail mécanique exercé par une dyne sur un déplacement de* $0^m,01$*).*

C'est une application de la loi de Joule (p. 12).

Unité C.G.S. de force électromotrice. — *L'unité C.G.S. de force électromotrice est la force électromotrice qui existe aux extrémités d'un conducteur ayant l'unité C.G.S. de résistance et l'unité C.G.S. d'intensité.*

C'est une application de la loi de Ohm (p. 6).

Unités pratiques.

L'unité C.G.S. d'intensité ainsi définie serait assez convenable pour les applications; mais les deux autres sont beaucoup trop petites et donneraient lieu à des nombres considérables pour exprimer la résistance et la force électromotrice.

Ohm. — Pour ne pas trop s'écarter de l'usage, on a pris comme unité pratique de résistance un multiple décimal de l'unité C.G.S. très voisin de l'unité Siemens, déjà employée dans l'industrie électrique, et représentée par une colonne de mercure de $0^m,001$ de diamètre et de 1^m de longueur. En prenant une résistance un milliard de fois plus grande que l'unité C.G.S., c'est-à-dire cette unité $\times 10^9$, on obtient l'unité pratique de résistance, appelée *ohm*, qui est la *résistance d'une colonne de mercure de* 1^{mmq} *de section et de* $106^{cm},3$ *à la température zéro.*

C'est aussi, approximativement, la résistance d'une longueur de 100^m de fil de fer télégraphique de $0^m,004$ de diamètre, ou de 48^m de fil de cuivre de $0^m,001$.

Pour les grandes résistances, on compte au moyen du *mégohm,* qui vaut un million d'ohms.

Volt. — On avait l'habitude d'évaluer les forces électromotrices d'après celle de l'élément Daniell (zinc-sulfate de zinc-sulfate de cuivre-cuivre); comme elle équivaut à peu près à 100 millions d'unités C.G.S. de force électromotrice, on a pris pour unité pratique l'unité C.G.S. $\times 10^8$. On l'appelle *volt.*

Ampère. — L'unité pratique d'intensité résulte nécessairement dès deux définitions précédentes par la loi de Ohm; on l'appelle *ampère.*

$$i = \frac{e}{r}$$

$$1 \text{ ampère} = \frac{1 \text{ volt}}{1 \text{ ohm}} = \frac{\text{unité C.G.S. de f. é. m.} \times 10^8}{\text{unité C.G.S de résist.} \times 10^9}$$

$$= \text{unité C.G.S. d'intensité} \times 10^{-1}.$$

Ainsi, l'ampère est le dixième de l'unité C.G.S. d'intensité. On peut dire aussi que *l'ampère est l'intensité du courant qui passe dans une portion de conducteur dont la résistance est de 1 ohm sous l'action d'une force électromotrice de 1 volt.*

Dans certains cas, en particulier pour les piles et les accumulateurs, on a souvent à tenir compte, non seulement de l'intensité du courant que la source peut fournir à un moment donné, mais encore du temps pendant lequel cette intensité peut être soutenue sans que l'appareil soit rechargé à nouveau; on est ainsi amené à considérer le nombre d'*ampères-heures* que l'appareil est capable de débiter, c'est-à-dire le produit du nombre d'ampères en fonctionnement normal par le nombre d'heures de ce régime. Par exemple, si un accumulateur peut débiter 5 ampères pendant 100 heures, on dit qu'il contient 500 ampères-heures.

Autres définitions. — On rencontre dans les applications d'autres quantités qu'il est nécessaire de définir.

Watt. — Nous savons (p. 13) que le travail électrique consommé dans l'unité de temps dans un conducteur est égal au produit de l'intensité par la force électromotrice qui existe entre les extrémités de ce conducteur. Ce travail se mesure au moyen d'une unité que l'on nomme *watt;* c'est le *travail électrique consommé dans un conducteur parcouru par un courant de* 1 *ampère sous l'action d'une force électromotrice de* 1 *volt.*

On dit ainsi qu'une machine électrique a une *puissance* de 50000 watts, ou de 50 kilowatts, si elle peut fournir un courant de 500 ampères sous une force électromotrice de 100 volts.

Il est facile de passer du travail électrique au travail mécanique équivalent, c'est-à-dire des watts aux kilogrammètres. Pour cela, il faut rappeler que les forces appliquées à une même masse sont proportionnelles aux accélérations qu'elles lui impriment : la dyne, qui imprime à la masse d'un gramme une accélération de $0^m,01$, est donc à la force de la pesanteur, qui imprime à cette masse une accélération $g = 981^{cm}$ à Paris, dans le rapport de 1 à 981 ; la dyne vaut donc $\frac{1}{981}$ de gramme-force, et le travail électrique en watts, qui dérivent de la définition de la dyne, vaut $\frac{1}{981}$ du travail mécanique exprimé au moyen de la pesanteur. Si l'on prend pour unité de travail mécanique le kilogrammètre, il faudra exprimer aussi l'accélération g en mètres 9,81 ; le travail mécanique correspondant à 1 watt est représenté par $\frac{1^{kgm}}{9,81}$, et celui qui correspond à un travail électrique de T watts s'exprime par $\frac{T}{9,81}$ kilogrammètres. On trouvera dans le dernier Chapitre des exemples relatifs à ces calculs.

Il est essentiel de remarquer que, dans tout conducteur parcouru par un courant, il y a production de chaleur, c'est-à-dire consommation d'un certain nombre de watts qui sont transformés en travail calorifique. D'après la formule de Joule, on obtient le nombre de calories correspondant en divisant les kilogrammètres par 424.

Lorsqu'on décrit le détail d'une organisation électrique dans laquelle l'énergie, fournie par un travail mécanique sous forme de machine à vapeur, de moteur hydraulique, etc., se renouvelle constamment, il n'y a pas intérêt à faire intervenir la durée du fonctionnement autrement que pour l'évaluation des frais d'exploitation et d'entretien ; il suffit de considérer ce qui se passe dans l'unité de temps pour donner une idée exacte du régime, de la puissance des machines, ainsi que de la consommation de travail dans chaque subdivision du réseau ; les watts répondent à ce besoin.

Joule. — Mais, s'il s'agit d'un appareil dans lequel la quantité totale d'énergie emmagasinée est limitée, comme par exemple les accumulateurs, il importe de faire intervenir le facteur temps. Cette nécessité a déjà imposé la notion de l'ampère-heure ; de même, ici, intervient une nouvelle unité, le *joule,* qui est égal au *produit du watt par le temps exprimé en secondes.* Le joule est ainsi l'unité *d'énergie.* L'énergie contenue dans un accumulateur sera donc égale, en joules, au produit de sa force électromotrice par le nombre d'ampères-heures qu'il peut fournir et par 3600 qui représente le nombre de secondes comprises dans une heure.

Coulomb. — Le *coulomb* est l'unité pratique de quantité ; il représente la *quantité d'électricité que dé-*

bite pendant une seconde un courant de 1 ampère.
L'ampère-heure vaut donc 3600 coulombs.

La considération de cette unité est utile lorsque les
effets produits par le courant *s'ajoutent* dans les temps
successifs, par exemple lorsqu'il s'agit d'effets chimiques,
tels que dépôt électrolytique d'un métal, etc. Ainsi 1 coulomb, passant dans un électrolyte à azotate d'argent,
dépose $1^{mgr},118$ d'argent, et 60 coulombs (ou 1 ampère-
minute), 60 fois plus, c'est-à-dire $67^{mgr},08$.

Farad. — Le *farad* (en l'honneur de Faraday) est
l'unité pratique de capacité; c'est la *capacité d'un
condensateur qui se charge de 1 coulomb lorsqu'on
établit entre ses armatures une différence de potentiel
de 1 volt.*

Comme cette unité, déduite des valeurs adoptées pour
l'ampère et le volt, se trouve trop grande pour les applications, on emploie généralement le millionième de farad,
ou *microfarad.*

Unités légales.

Une entente internationale a fixé comme il suit la valeur des unités principales, avec une approximation qui
suffit pour les besoins de la pratique; ce texte est extrait
d'un décret du 2 mai 1896 :

« ARTICLE 1. — Dans tous les marchés et contrats
passés pour le compte de l'État, dans toutes les communications faites aux Services publics et dans les cahiers
des charges dressés par eux, le Système international
d'unités électriques, tel qu'il est défini ci-après, sera
seul et obligatoirement employé.

» ART. 2. — L'unité électrique de *résistance*, ou *ohm*, est la résistance offerte à un courant invariable par une colonne de mercure à la température de la glace fondante, ayant une masse de 14^{gr},4521, une section constante et une longueur de 106^{cm},3.

» ART. 3. — L'unité électrique d'*intensité*, ou *ampère*, est le dixième de l'unité électromagnétique de courant. Elle est suffisamment représentée, pour les besoins de la pratique, par le courant invariable qui dépose en une seconde 0^{gr},001118 d'argent.

» ART. 4. — L'unité de *force électromotrice*, ou *volt*, est la force électromotrice qui soutient un courant d'un ampère dans un conducteur dont la résistance est un ohm. Elle est suffisamment représentée, pour les besoins de la pratique, par les 0,6974 ou $\frac{1000}{1434}$ de la force électromotrice d'un élément Latimer-Clark ([1]). »

([1]) Cet élément se compose d'une pâte de sulfate de zinc et de sulfate de mercure, en contact, d'une part avec du mercure dans lequel plonge un fil de platine formant le pôle +, d'autre part avec une lame de zinc pur formant le pôle —; sa force électromotrice est de 1^{volt},434.

CHAPITRE VII.

MÉTHODES ET INSTRUMENTS DE MESURE.

En raison du cadre restreint que nous nous sommes fixé, nous indiquerons seulement le principe des méthodes et instruments les plus employés pour mesurer les éléments des courants, c'est-à-dire l'intensité, la résistance et la force électromotrice. La mesure des deux dernières se ramène à celle de la première.

Mesure de l'intensité.

Les appareils employés pour mesurer l'intensité sont fondés sur l'un des trois principes suivants :

1° Action mécanique du courant, soit sur une aiguille ou un barreau aimanté, ce qui donne un *galvanomètre*, soit sur un courant, ce qui constitue un *électrodyna-momètre*;

2° Action calorifique, se traduisant par la *dilatation* d'un fil parcouru par le courant;

3° Action chimique, mettant en liberté par électrolyse les éléments d'une dissolution ; dans cette classe figurent les *voltamètres*.

1° *Galvanomètres.* — Nous avons vu dans les Chapitres IV et VI que l'intensité d'un courant est définie par son action sur un pôle d'aimant; elle est proportionnelle au déplacement de ce pôle, dans certaines limites, et à un coefficient qui dépend de la disposition de l'appareil.

Dans les galvanomètres sensibles, le courant agit sur une aiguille aimantée placée à l'intérieur d'un cadre (*fig.* 14) recouvert d'un grand nombre de tours du fil

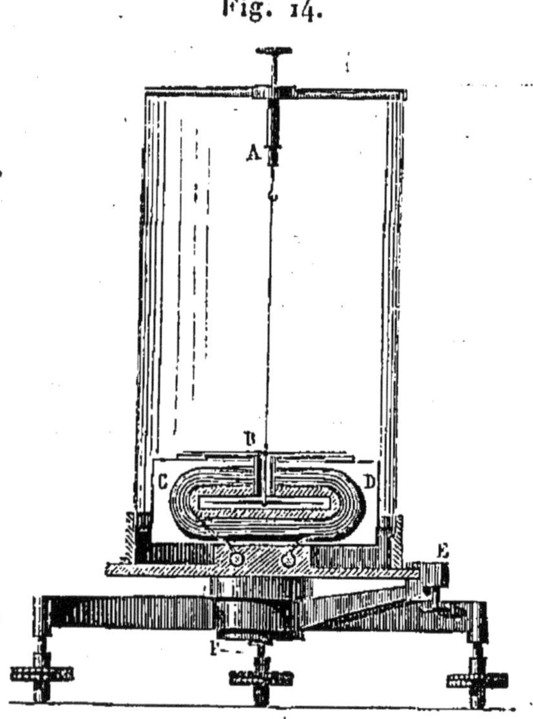

Fig. 14.

dans lequel passe le courant; les actions de tous ces tours de fil s'ajoutent, et le cadre est dit *multiplicateur*. Pour supprimer l'effet de la terre, on remplace l'aiguille unique par un système *astatique* (Chap. IV) formé de deux aiguilles identiques, parallèles et inversées, dont l'une est à l'intérieur du cadre et l'autre à l'extérieur pour que les actions du courant compris entre elles s'ajoutent.

Pour les mesures de haute précision, avec des courants très faibles, ce système aimanté, très léger, est suspendu par un fil de cocon et porte un petit miroir qui réfléchit sur une échelle graduée la lumière d'une lampe.

Boussole des tangentes. — Dans la boussole des tangentes, le cadre galvanométrique a un grand diamètre, et l'aiguille a une faible longueur, de sorte que l'on peut considérer l'action du cadre sur l'aiguille comme sensiblement constante dans toutes les positions de l'aiguille.

On place le cadre dans le plan du méridien magnétique; l'aiguille est alors au o dans ce plan. On fait passer le courant dans le cadre, l'aiguille dévie et s'arrête au moment où le magnétisme terrestre fait équilibre à l'action du courant.

L'effet du magnétisme terrestre $A\varphi$ donne une composante AD perpendiculaire à l'aiguille; celui du courant AF donne la composante AC. Il y a équilibre lorsque ces deux forces sont égales; on a alors

$$\varphi \sin \delta = F \cos \delta$$

ou

$$F = \varphi \tang \delta;$$

donc l'intensité est proportionnelle à $\tang \delta$ (*fig.* 15).

Cet appareil peut servir à mesurer l'intensité absolue au moyen de la formule de Laplace.

Celle-ci, que nous rappelons (Chap. IV)

$$f = \frac{mi\,ds \sin \alpha}{r^2},$$

doit alors être appliquée au cas d'un courant circulaire exerçant son action sur un pôle placé au centre, ce qui donne $\sin z = 1$; en ajoutant les actions des éléments successifs ds, le long de la circonférence, on obtient

Fig. 15.

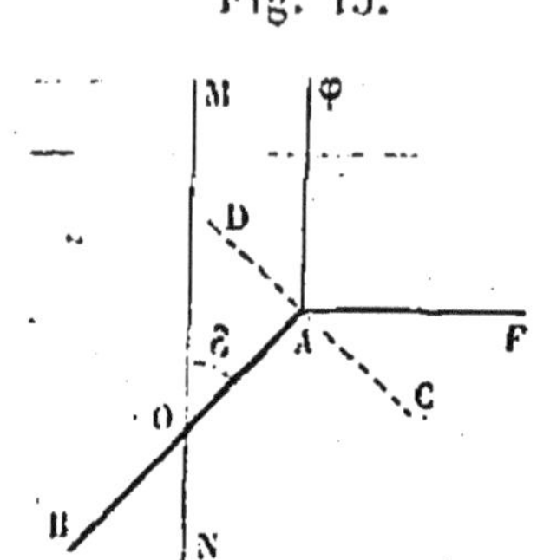

$$f = \frac{m i 2\pi r}{r^2} = \frac{2\pi m i}{r}.$$ On connaît la force f d'autre part; on peut donc tirer de là la valeur absolue de l'intensité i.

Galvanomètre Deprez-d'Arsonval. — Dans le galvanomètre Deprez-d'Arsonval, le cadre sur lequel passe le courant est mobile; il est suspendu entre les deux branches verticales d'un aimant fixe en fer à cheval et un cylindre vertical de fer doux. Le courant est amené dans le cadre et en sort par deux fils métalliques fins, qui servent à la suspension. Le champ très intense concentré sur le fil entre l'aimant et le cylindre de fer doux rend insensible l'action de la terre; de plus, les oscillations sont rapidement amorties. Un petit miroir est fixé sur le cadre et réfléchit sur une graduation éloignée la lumière d'une lampe, ce qui amplifie les indications du galvanomètre.

Ampèremètres. — Pour les courants intenses dont on fait usage dans les applications industrielles, on emploie des instruments plus robustes, d'un transport et d'une installation plus faciles, et gradués en ampères. Ce sont des *ampèremètres*.

Nous citerons comme exemple l'ampèremètre Deprez-Carpentier (*fig.* 16 et 17). Il se compose d'une palette

Fig. 16.

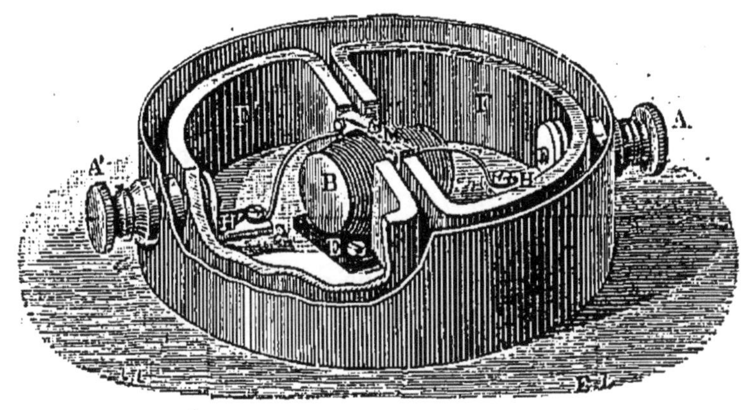

de fer doux M mobile autour d'un axe, dans l'intérieur

Fig. 17.

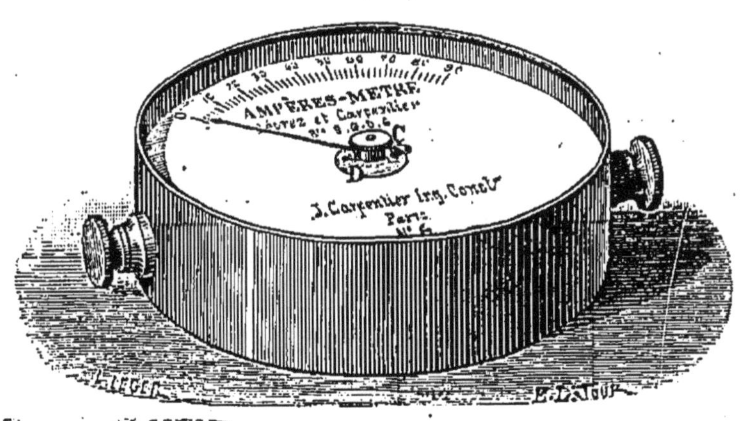

d'une bobine formée par une lame de cuivre rouge enroulée plusieurs fois sur elle-même, et entre les pôles de deux aimants en fer à cheval placés en regard l'un de l'autre. Cette lame a une longueur de $0^m,01$ et une épaisseur variable; sa résistance est très faible, de sorte que son introduction dans le circuit ne modifie pas sensiblement l'intensité du courant à mesurer. L'axe de la palette de fer doux porte l'aiguille indicatrice, qui se meut devant un cadran gradué en ampères.

Usage des galvanomètres. — Tous les galvanomètres d'intensité doivent être intercalés dans le circuit lui-même. Il est bon de les vérifier de temps en temps pour s'assurer que leur coefficient n'a pas varié; on se sert pour cela d'un galvanomètre étalon, ou d'un voltamètre, ou, indirectement, d'une mesure de force électromotrice entre les extrémités d'une portion de circuit dont on connaît la résistance.

Shunt. — Si l'on veut mesurer une intensité supérieure à celles pour lesquelles est construit un galvanomètre, on emploie une dérivation nommée *shunt,* dans laquelle on fait passer une fraction déterminée du courant; ces shunts sont construits de façon à laisser passer dans le galvanomètre la dixième, ou la centième, ou la millième partie du courant.

Électrodynamomètres. — On utilise, dans ces appareils, l'action d'un courant sur un autre. Ils se composent, en général, de deux bobines de fils, l'une mobile, l'autre fixe; on fait passer dans l'une un courant d'intensité connue, dans l'autre le courant à mesurer; la déviation de la bobine mobile est proportionnelle au produit de ces deux intensités, d'après les lois qui régissent l'action des courants sur les courants, et permet, par conséquent, de calculer l'intensité cherchée.

Ordinairement, les deux bobines sont parcourues par le courant à mesurer; la déviation est alors proportionnelle au carré de l'intensité cherchée.

Ces appareils sont employés pour la mesure des courants alternatifs, auxquels les galvanomètres ordinaires ne sont pas applicables. Pour les électrodynamomètres, le sens du courant est indifférent, puisqu'il change en même temps dans les deux bobines.

2° *Action calorifique.* — La température et la dilatation d'un fil dans lequel passe un courant dépendent du produit RI^2 : on peut donc déterminer I d'après cette dilatation.

Dans l'ampèremètre Cardew, le fil est formé d'un alliage de platine et argent; il est fixé à l'une de ses extrémités et maintenu tendu par un ressort; le déplacement de son extrémité libre donne l'intensité sur un cadran qui a été gradué par comparaison avec les indications d'un galvanomètre étalon. Pour mesurer des ampères, on prend plusieurs de ces fils, dont chacun a $0^{mm},075$ de diamètre, et on les dispose en dérivation sur le courant à mesurer, afin de ne pas introduire sur celui-ci une résistance qui serait appréciable et pour ne pas trop élever la température des fils.

Ces appareils sont utilisés avec les courants alternatifs.

3° *Action chimique.* — On peut déduire l'intensité du nombre de coulombs correspondant à la mise en liberté d'un certain élément contenu dans un électrolyte traversé par le courant.

On sait que 1 coulomb dégage $0^{mgr},0105$ d'hydrogène dans le voltamètre. Si donc on appelle e l'équivalent chimique d'un corps par rapport à l'hydrogène, 1 coulomb dégagera un poids de ce corps représenté en milligrammes par

$$0,0105 \times e,$$

d'après la loi de Faraday (Chap. I). Ce poids est constant pour chaque corps; c'est son équivalent électrochimique.

Connaissant ce poids, il est facile de déterminer le nombre de coulombs q correspondant à la décomposition de p milligrammes du corps,

$$q = \frac{p}{0,0105 \times e}.$$

Mais, en appelant i l'intensité du courant, t le temps pendant lequel se fait la décomposition, on a

$$q = it,$$

d'où

$$i = \frac{q}{t};$$

donc, si l'on fait passer le courant à mesurer dans un électrolyte où il se dégage un corps dont le coefficient chimique est e par rapport à l'hydrogène, on obtiendra l'intensité cherchée en pesant le poids p de ce corps qui s'est dégagé pendant le temps t, en calculant le nombre q de coulombs et en divisant celui-ci par le temps t.

Voltamètre. — Nous connaissons déjà, comme appareil de ce genre, le voltamètre; mais il est peu précis, parce que les corps recueillis sont gazeux et difficiles à peser. Il est préférable de prendre comme électrolyte la dissolution d'un sel métallique, comme le sulfate de cuivre, le sulfate de zinc, etc.; le métal déposé pendant un certain temps est alors facile à peser.

Ces appareils sont peu usités pour mesurer les intensités, à cause des opérations qu'ils nécessitent; on s'en sert surtout comme *compteurs* pour mesurer la quantité d'électricité qui s'écoule dans un circuit pendant une durée déterminée.

Mesure de la force électromotrice.

On mesure le plus souvent la force électromotrice au moyen de galvanomètres.

Soit à mesurer la force électromotrice entre deux points A et B d'un circuit (*fig.* 18); relions ces deux

Fig. 18.

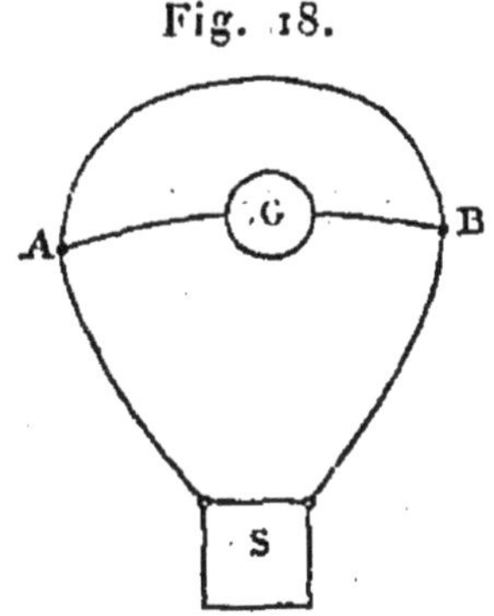

points par un fil dérivé dans lequel est intercalé un galvanomètre G. Si la résistance de ce galvanomètre est très grande, il ne passera dans ce fil dérivé qu'une très faible partie du courant, et le régime dans la portion AB ne sera pas sensiblement modifié.

Si l'on appelle

E la force électromotrice entre A et B,
I l'intensité du courant dans le galvanomètre dérivé,
R sa résistance, devant laquelle celle du reste du fil dérivé doit être négligeable,

on a, d'après la loi de Ohm,

$$E = IR;$$

donc, connaissant R, il est facile de déduire de la mesure de l'intensité I la force électromotrice cherchée E.

Voltmètres. — On construit des galvanomètres pour mesurer aussi la force électromotrice; on les appelle *voltmètres*. Ils sont semblables aux ampèremètres; seulement le cadre galvanométrique se compose d'un grand nombre de tours de fil très fin et très résistant.

Il existe aussi un voltmètre Cardew, basé sur la dilatation d'un fil fin et long; il est employé pour les courants alternatifs.

Mesure de la résistance.

La résistance se mesure aussi le plus souvent au moyen de galvanomètres.

Méthode par substitution. — On place dans un circuit alimenté par une pile constante, et comprenant un galvanomètre sensible, la résistance à mesurer; on note la déviation de l'aiguille, puis on enlève la résistance et on la remplace par des résistances étalonnées jusqu'à ce que l'aiguille du galvanomètre revienne à la même position; à ce moment, la somme des résistances étalonnées placées dans le circuit est égale à la résistance cherchée.

Cette méthode est dite *par substitution*.

Boîtes de résistance. — On fabrique des boîtes comprenant des bobines de fils B ayant toutes les résistances multiples et sous-multiples de l'ohm. Chaque extrémité

d'une bobine est reliée à une pièce de cuivre, et ces
pièces sont isolées les unes des autres; pour supprimer

Fig. 19.

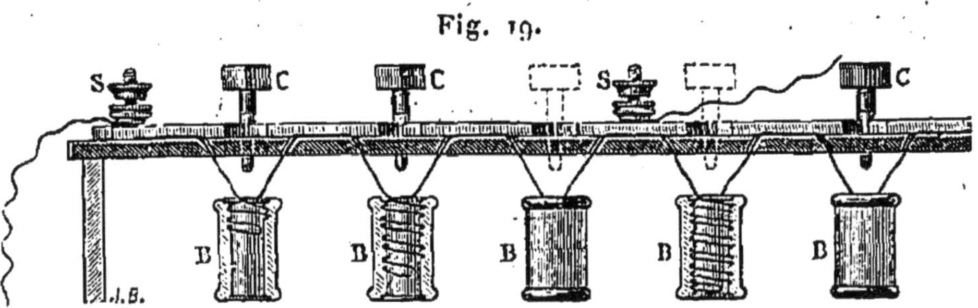

une résistance correspondant à une bobine déterminée,
on place entre les deux pièces auxquelles aboutissent

Fig. 20.

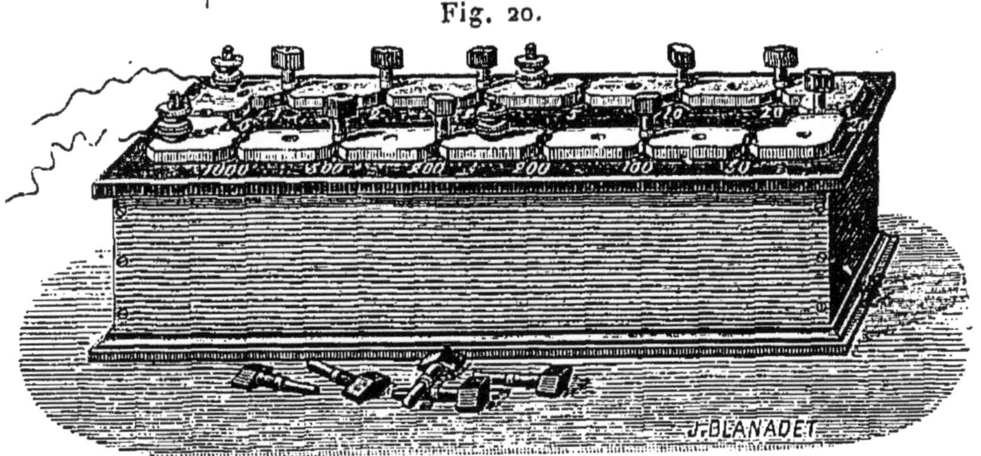

les extrémités de cette bobine une fiche métallique C qui
fait passer le courant par ces pièces, dont la résistance
est insignifiante, sans traverser la bobine. Ces *boîtes de
résistance* (*fig.* 19 et 20) sont d'un usage très commode
et très répandu.

Méthode du pont de Wheatstone. — Soient deux conducteurs dérivés, ayant des potentiels P et P' aux deux

6.

points de croisement A et D. Joignons entre eux par un
fil ou *pont* deux points B et C ayant le même potentiel
p dans ces deux conducteurs, et appelons r, r', R, R' les
résistances des quatre tronçons ainsi formés (*fig.* 21).

Fig. 21.

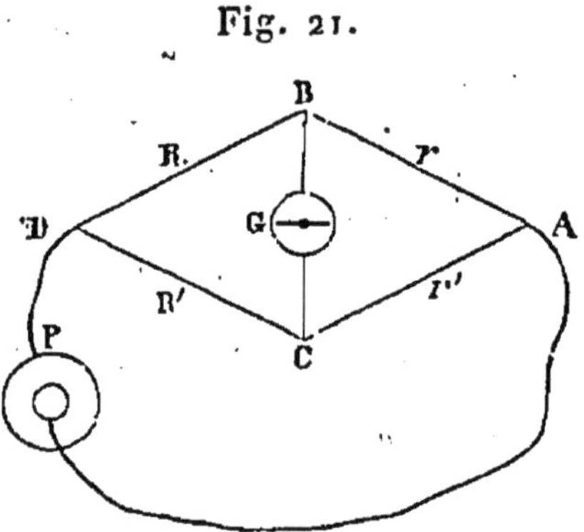

Dans les deux conducteurs, on a, d'après la loi de
Ohm,

$$I = \frac{P - p}{r} = \frac{p - P'}{R},$$

$$I' = \frac{P - p}{r'} = \frac{p - P'}{R'},$$

ce qui donne, en divisant membre à membre,

$$\frac{r}{r'} = \frac{R}{R'}.$$

Si donc on connaît trois de ces résistances, on peut,
par cette relation, calculer la quatrième.

Prenons deux résistances données r et r', intercalons
dans le fil BC un galvanomètre, et faisons varier R au
moyen d'une boîte de résistance, jusqu'à ce que le galvanomètre n'indique plus aucun courant; les deux
extrémités du fil BC sont alors au même potentiel, et la
relation précédente donne R'.

Compteurs.

Les compteurs électriques servent à mesurer l'énergie fournie à un abonné. Cette énergie est proportionnelle au produit EIt de la force électromotrice par l'intensité et par le temps.

Si E est constant, il suffit de mesurer It qui représente le nombre de coulombs correspondant au temps t. On emploie alors des *coulombmètres,* fondés soit sur les décompositions chimiques, dépôt de cuivre ou de zinc, comme dans le compteur Edison, soit sur les actions électromagnétiques.

Dans le cas général où l'on veut enregistrer à la fois E et I, dont le produit donne des watts, on se sert de *wattmètres.* Comme exemple, nous citerons le watt-mètre Aron. Il se compose de deux horloges; le balancier de l'une est libre; celui de l'autre est formé par une bobine de fil fin qui est en dérivation sur le courant, et qui oscille à l'intérieur d'une bobine de gros fil intercalée dans le courant; l'action mécanique réci-proque des deux bobines est proportionnelle au produit de leurs intensités, c'est-à-dire au produit EI, puisque l'intensité dans le fil fin est proportionnelle à E. La différence d'allure des deux pendules permet donc d'ob-tenir le résultat cherché.

CHAPITRE VIII.

SOURCES D'ÉLECTRICITÉ.

Différentes sources d'électricité.

La plupart des phénomènes naturels sont accompagnés d'une production d'électricité, dont la quantité est variable, et dont la force électromotrice dépend du phénomène qui en est la cause.

Mais, au point de vue des applications, les seules sources capables de donner, dans l'état actuel de la Science, des quantités suffisantes d'électricité sont comprises dans les trois grandes classes suivantes :

1° Réactions chimiques;

2° Actions calorifiques;

3° Phénomènes d'induction.

Nous ne parlons pas de l'électricité fournie par les machines à frottement, parce que, bien que possédant un potentiel considérable, elle est développée en trop faible quantité pour être utilisée dans les applications dont nous nous occupons ici.

Propriétés générales.

Quelle que soit la nature des sources d'électricité, elles sont toutes soumises à certaines lois générales que nous allons exposer.

Force électromotrice ; résistance intérieure. — Les

éléments caractéristiques d'une source sont : sa force électromotrice et sa résistance intérieure; nous savons que, étant donnée la force électromotrice intérieure ou totale, qui dépend de la nature de la source, la force électromotrice aux bornes, c'est-à-dire celle qui est disponible pour le circuit extérieur, est d'autant plus grande que la résistance intérieure de la source est plus faible. Il y a donc avantage à diminuer le plus possible cette résistance intérieure.

Discussion relative au travail total produit par une source, au travail extérieur et au rendement. — Soient

E la force électromotrice totale d'une source déterminée;
e la force électromotrice aux bornes;
I l'intensité du courant;
r la résistance intérieure de la source;
r' la résistance du circuit extérieur;
T le travail électrique total;
t le travail électrique dans le circuit extérieur.

Nous avons, d'après la loi de Ohm,

$$E = I(r + r'),$$

d'où

$$I = \frac{E}{r + r'}$$

et

$$e = I r' = \frac{E r'}{r + r'},$$

et, d'après celle du travail,

$$T = EI = \frac{E^2}{r + r'},$$

$$t = eI = \frac{E^2 r'}{(r + r')^2};$$

d'où

$$\frac{t}{T} = \frac{e}{E} = \frac{r'}{r + r'}.$$

Comme le travail extérieur représente le travail disponible entre les bornes, y compris le travail calorifique qui se développe dans les conducteurs du circuit extérieur, l'expression $\frac{t}{T}$ représente le rendement de la source.

Les relations précédentes montrent que :

1° Le travail total, le travail extérieur et le rendement augmentent lorsque la résistance intérieure de la source diminue, on voit donc encore, sous ces différentes formes, qu'il y a intérêt à rendre minimum la résistance intérieure.

2° Le travail extérieur est maximum lorsque $r' = r$, c'est-à-dire lorsque la résistance extérieure est égale à la résistance intérieure ; cette valeur maximum du travail extérieur est égale à $\frac{E^2}{4r}$, qui représente le quart du travail de la source sur un circuit extérieur de résistance nulle.

A cette valeur correspond

$$T = \frac{E^2}{2r};$$

le travail total est alors égal à la moitié du travail total sur une résistance extérieure nulle, c'est-à-dire à la moitié du travail en *court-circuit*.

On a aussi

$$c = \frac{E}{2} \quad \text{et} \quad I = \frac{E}{2r};$$

donc, dans le cas du travail extérieur maximum, la

force électromotrice aux bornes est la moitié de la force électromotrice totale, et l'intensité est la moitié de l'intensité en court circuit.

On peut utiliser ces relations pour se placer pratiquement dans le cas du travail extérieur maximum; il suffit, pour cela, de mesurer, au moyen d'un ampèremètre, l'intensité du courant produit par la source en court circuit, en constituant le circuit extérieur au moyen d'un fil gros et court dont la résistance soit négligeable, puis d'augmenter la résistance de ce fil jusqu'à ce que l'intensité soit diminuée de moitié; à ce moment, le travail extérieur sera maximum, la force électromotrice aux bornes, qu'on pourra mesurer au moyen d'un voltmètre, représentera la moitié de la force électromotrice totale, et la résistance intérieure, alors égale à $\dfrac{E}{2I}$, sera déduite de ces deux mesures.

3° Le rendement augmente lorsque la résistance intérieure diminue et lorsque la résistance extérieure augmente; il est égal à $\frac{1}{2}$ au moment du maximum du travail extérieur, et se rapproche de 1 quand la résistance intérieure devient très petite ou quand la résistance extérieure devient très grande; mais, pour une résistance intérieure donnée, l'intensité, le travail total, et le travail extérieur deviennent de plus en plus petits lorsque la résistance extérieure augmente et tendent vers la limite 0 en même temps que le rendement se rapproche de l'unité.

On voit qu'il faut bien se garder de confondre le maximum du travail extérieur avec le maximum du rendement; le maximum du travail extérieur représente tout ce que la source peut donner dans le cas le plus favorable, tandis que le maximum du rendement, qui n'est jamais atteint, correspond au cas où le travail disponible aux bornes est dépensé de la façon la plus économique possible.

4° Comme le travail extérieur comprend toujours un travail calorifique dû à la résistance des conducteurs, le travail susceptible d'être utilisé réellement dans le circuit extérieur est toujours inférieur à $\dfrac{E^2}{4r}$.

Association des sources entre elles. — On peut associer entre elles des sources identiques, c'est-à-dire possédant la même force électromotrice et la même résistance intérieure, pour obtenir un courant possédant une plus grande force électromotrice ou une plus grande intensité.

Pour bien comprendre l'effet de ces combinaisons, nous allons encore avoir recours à la comparaison que nous avons déjà employée.

Association en série ou en tension. — Soit un certain nombre de cylindres C, C′, C″ (*fig.* 22), de même diamètre, et communiquant entre eux de la façon indiquée sur la figure; les deux ouvertures extrêmes sont reliées par un tuyau.

Supposons les cylindres et tuyaux remplis d'un fluide non pesant, et appliquons aux tiges des pistons des forces égales et de même sens. Le fluide placé au-dessous du piston dans C se comprime sous l'action de la pression P (par unité de surface) et transmet cette pression au piston de C′, mais avec une perte p qui est causée par la résistance intérieure des corps de pompe C et C′ entre les deux pistons et par la résistance du tuyau intermédiaire. La pression qui arrive au piston de C′ est donc P − p; ce piston reçoit, d'ailleurs, de sa tige une pression P; la pression résultante qui s'exerce sur le fluide au-dessous du piston de C' est donc $P - p + P$; elle est transmise au piston de C'' avec une perte p'. Il arrive donc à ce dernier une pression $P - p + P - p'$, à laquelle s'ajoute encore P provenant de la tige du piston de C'', ce qui donne une pression égale à

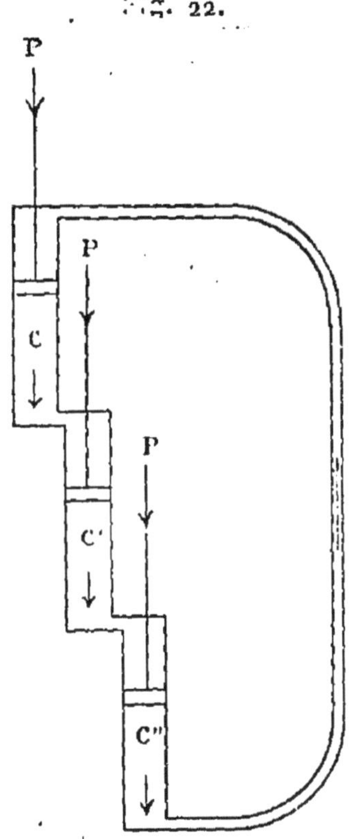

$P - p + P - p' + P$ pour le piston de C''; si l'on appelle enfin p'' la perte due à la transmission du piston de C'' à l'ouverture-inférieure, on voit que la pression qui parvient par unité de surface à cette ouverture est représentée par

$$P - p + P - p' + P - p'' = 3P - p - p' - p'',$$

c'est-à-dire que la pression résultant de ce mode d'association est égale à la somme des pressions élémentaires,
diminuée de la somme des pertes causées par les résistances intérieures et par les résistances intermédiaires.

Si nous remplaçons les corps de pompe par des sources
d'électricité (*fig.* 23) associées entre elles de façon à

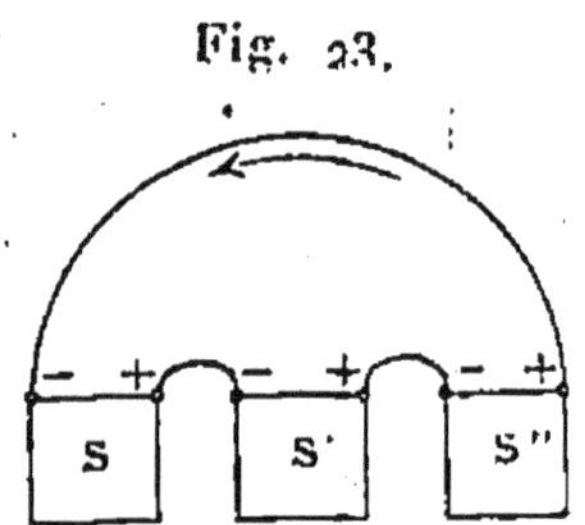

former une semblable série, en ayant soin que le sens
du courant soit le même dans toutes, ce qu'on obtient
en reliant le pôle négatif de chacune au pôle positif de
la suivante, les mêmes lois subsistent :

*La force électromotrice résultante est égale à la
somme des forces électromotrices élémentaires diminuée
de la somme des pertes produites par les résistances
intérieures et intermédiaires ; la résistance intérieure
totale est égale à la somme des résistances intérieures
et intermédiaires.*

Il s'agit ici des forces électromotrices intérieures ; si
l'on considère les forces électromotrices aux bornes, on
obtient, avec ce genre d'association, une force électromotrice résultante aux bornes égale à la somme des
forces électromotrices élémentaires aux bornes ; les résistances intérieures sont alors comprises, mais il faut
tenir compte des résistances des conducteurs intermédiaires ; le plus souvent on prend ceux-ci assez gros

et courts pour que leurs résistances soient négligeables.

Si les résistances intérieures sont très faibles par rapport à la résistance extérieure, on peut les négliger, et dire alors que la force électromotrice intérieure résultante est égale à la somme des forces électromotrices intérieures élémentaires.

Ce genre de combinaison des sources est appelé *association en série* ou *en tension*.

Si l'on appelle

E la force électromotrice intérieure élémentaire;
r la résistance intérieure de chaque élément;
r' la résistance du circuit extérieur;
n le nombre des éléments,

la loi de Ohm donne, d'après ce que nous venons de voir,

$$I = \frac{n\,E}{nr + r'}.$$

Lorsque la somme nr des résistances intérieures est négligeable par rapport à la résistance extérieure r', il vient

$$I = \frac{n\,E}{r'}.$$

Association en dérivation ou en quantité. — Supposons maintenant (*fig.* 24) que chaque corps de pompe fonctionne isolément avec son tuyau; nous ne changerons évidemment rien si, sans modifier la pression par unité de surface, nous réunissons tous les corps de pompe en un seul dont la section soit égale à la somme de leurs sections, et tous les tuyaux en un seul dont la section soit égale à la somme de leurs sections. Alors toutes les ouvertures semblables communiquent entre elles, d'une part celles qui se trouvent au-dessus des pistons, d'autre part celles qui se trouvent au-dessous.

Fig. 24.

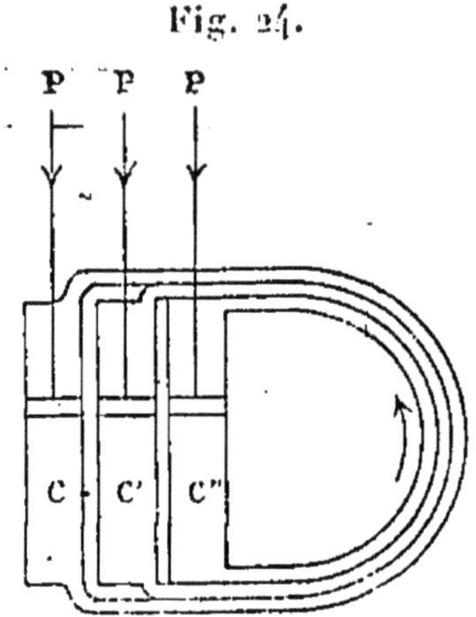

On voit que, avec ce mode d'association, la pression par unité de surface est égale à celle d'un élément, mais

Fig. 25.

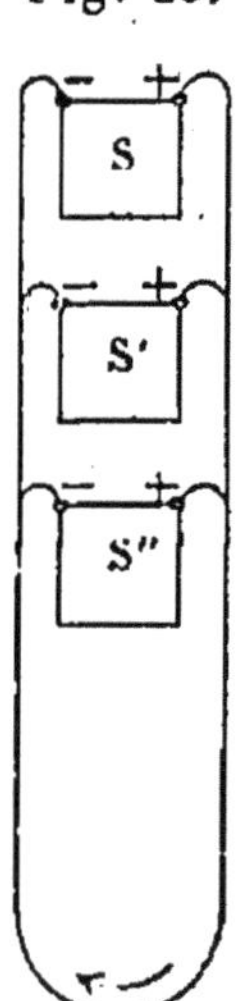

le débit est équivalent à la somme des débits élémentaires.

En remplaçant les corps de pompe par des sources d'électricité (*fig.* 25) associées de la même façon, c'est-à-dire de telle sorte que les pôles positifs communiquent entre eux d'une part, et les pôles négatifs entre eux d'autre part, la même loi subsiste :

La force électromotrice résultante est égale à celle d'un élément ; la résistance résultante est égale à celle d'un élément divisée par le nombre des sources ; l'intensité est égale à la somme des intensités élémentaires.

Cette dernière conséquence exige, théoriquement, que la section du conducteur extérieur soit égale à la somme des sections élémentaires ; mais, pratiquement, il suffit que ce conducteur soit gros et court et ne présente qu'une faible résistance qui permette à la somme des courants élémentaires d'y circuler librement.

Lorsque les sources sont disposées de cette façon, la formule de Ohm donne, d'après les lois énoncées ci-dessus,

$$I = \frac{E}{\frac{r}{n} + r'} = \frac{n\,E}{r + nr'}$$

et, si la résistance extérieure r' est très faible et négligeable par rapport à $\frac{r}{n}$,

$$I = \frac{n\,E}{r}.$$

Ce mode de combinaison est appelé *association en dérivation,* ou *en quantité.*

Emploi et combinaison des deux genres d'association. — Ces deux genres d'association jouent un rôle très important dans les applications ; on emploie l'association en série lorsque le circuit extérieur présente une grande résistance, et l'association en dérivation lorsque le circuit extérieur est peu résistant.

On les combine entre eux dans chaque cas, de façon à se placer dans les conditions les plus favorables en vue du but à atteindre.

Cherchons ce que devient l'expression de l'intensité lorsqu'on dispose les sources en plusieurs séries.

Soient

E la force électromotrice d'une des sources élémentaires;
r sa résistance intérieure;
r' la résistance extérieure du circuit;
I l'intensité;
N le nombre total des sources.

Supposons que nous les placions en n séries contenant chacune p sources.

On a alors

$$N = np.$$

La force électromotrice de chaque série est $p\mathrm{E}$, et sa résistance intérieure pr; comme, d'autre part, les n séries sont associées entre elles en dérivation, la résistance intérieure résultante, pour toute la combinaison, est

$$\frac{pr}{n}.$$

La résistance totale du circuit est

$$\frac{pr}{n} + r'$$

et l'intensité

$$I = \frac{p\,\mathrm{E}}{\dfrac{pr}{n} + r'},$$

On calculerait, comme nous l'avons fait pour une

source, le travail total, le travail extérieur et le rendement, correspondant à cette combinaison, et l'on trou-
verait encore que le travail extérieur atteint son maximum lorsque la résistance extérieure r' est égale à la
résistance intérieure $\dfrac{pr}{n}$.

On a alors les relations

$$np = N,$$

$$\frac{pr}{n} = r',$$

qui permettent de déterminer n et p lorsqu'on connaît
N, r et r', c'est-à-dire de déterminer la combinaison la
plus convenable d'un nombre donné de sources connues
pour obtenir le maximum de travail électrique dans un
circuit également connu.

1° Sources constituées par les réactions chimiques.

Pile hydro-électrique; électrodes. — Prenons deux
corps bons conducteurs de l'électricité, deux métaux, et
plongeons-les dans un liquide qui les attaque inégale-
ment; nous constituons ainsi une *pile hydro-électrique,*
un *couple voltaïque,* dont ces deux corps sont les deux
électrodes; en les reliant par un fil bon conducteur, on
obtient un courant électrique dont l'intensité dépend :
1° de la force électromotrice intérieure, due aux réactions chimiques en jeu; 2° de la résistance intérieure de
la pile et de la résistance extérieure du circuit.

Différence de potentiel et résistance intérieure. —
En vertu du principe de la conservation de l'énergie, la
force électromotrice doit avoir son siège au point où il
y a consommation de travail; quelle que soit sa cause,

attribuée par les uns au contact de deux corps différents, par les autres à l'action chimique du liquide sur
les métaux, il ne peut y avoir courant qu'autant qu'il y a
consommation de travail, et l'on peut déduire de celle-ci
la valeur de la force électromotrice. Les deux électrodes
se chargent d'électricité, de telle sorte que celle qui est
le moins attaquée par le liquide possède un potentiel
plus élevé que celle qui est le plus attaquée ; nous savons
que le potentiel se rapporte à l'unité de quantité d'électricité ; ces deux potentiels sont donc indépendants
des quantités d'électricité produites dans la pile, c'est-
à-dire des dimensions de celle-ci ; il en résulte que la différence des potentiels, ou la force électromotrice totale, est
aussi indépendante des dimensions de la pile ; ces dimensions n'influent que sur la résistance intérieure ; celle-ci
est d'autant plus faible que les électrodes ont une moins
grande résistance spécifique, une plus grande section, et
sont moins écartées l'une de l'autre ; la résistance du liquide influe aussi sur la résistance intérieure.

Dans ce qui précède, il n'est question que de la force
électromotrice intérieure de la pile ; mais la force électromotrice aux bornes dépend de la résistance intérieure.

Constantes d'une pile. — La force électromotrice et
la résistance intérieures sont toujours les mêmes dans
des piles identiques ; ce sont les deux *constantes*, les
deux *éléments caractéristiques* de chaque pile. Mais
cela ne veut pas dire qu'elles gardent la même valeur
pendant tout le temps du fonctionnement, car elles varient par suite de la formation de produits secondaires
dans les réactions chimiques ; la dénomination de *constantes* ne peut s'appliquer qu'à des éléments neufs ou
venant d'être rechargés.

Relation entre la force électromotrice et la quantité de chaleur dégagée. — La différence de potentiel d'une pile dépend des réactions chimiques qui s'y effectuent, et est proportionnelle à l'énergie ainsi développée lorsqu'on peut négliger la portion qui est transformée en chaleur dans la pile et qui n'est pas transmise au circuit.

Or on sait que la combinaison d'un équivalent d'oxygène avec un équivalent d'hydrogène dégage $34^{cal},45$ (kilogramme-degré), et que la différence de potentiel résultant de cette combinaison est de $1^{volt},5$; on a donc 23^{cal} environ pour 1^{volt} dans ce cas.

Cette loi permet de déterminer le maximum de force électromotrice d'une pile, étant données les quantités de chaleur dégagées par la combinaison d'un équivalent de chacune des substances qui prennent part aux réactions de cette pile.

Il faut toutefois remarquer qu'il existe certaines combinaisons chimiques dont la force électromotrice varie avec la température extérieure ; celle-ci complique alors le phénomène, et l'on doit aussi en tenir compte dans l'évaluation du travail moléculaire qui donne naissance au courant.

Produits secondaires et polarisation. — Par suite des réactions chimiques, il se forme inévitablement, dans toute pile, des produits secondaires, solides, liquides ou gazeux, qui altèrent son action au bout d'un temps plus ou moins long, et qui influent soit sur la force électromotrice, soit sur la résistance intérieure, soit sur les deux en même temps.

Presque toujours, il y a diminution de force électromotrice, par suite de la production d'une force électromotrice de sens contraire due au changement de nature des substances avec lesquelles les électrodes sont en contact. Ce phénomène s'appelle *polarisation* des électrodes.

Pour retarder la polarisation, on a songé à ajouter aux substances en présence un autre corps liquide ou solide, capable de former, avec les produits secondaires qui causent la polarisation, d'autres combinaisons moins nuisibles.

De là découle la division des piles en deux grandes classes :

Les piles à un liquide, avec ou sans dépolarisant à l'état-solide ou dissous ;

Les piles à deux liquides, dont l'un joue le rôle de dépolarisant.

Piles à un liquide sans dépolarisant. Pile de Volta.
— La plus simple et la plus ancienne des piles à un liquide se compose d'eau acidulée avec de l'acide sulfurique, dans laquelle plongent deux électrodes, l'une en zinc, l'autre en cuivre (pile de Volta), ou en platine, ou en charbon (*fig.* 26). Mais la polarisation d'un semblable couple est très rapide ; le zinc est attaqué par l'eau acidulée, s'oxyde et se transforme en sulfate ; l'hydrogène provenant de la décomposition de l'eau se dégage sur l'électrode de sortie du courant, c'est-à-dire ici sur l'électrode positive et y forme un dépôt de bulles très minces qui agit de deux façons : 1° il détermine, avec l'oxygène qui se dégage sur le zinc, une sorte de pile secondaire, dont la force électromotrice est de sens contraire à celle du couple zinc, eau acidulée, électrode positive ; c'est ce qui constitue la polarisation de l'électrode positive ; 2° il augmente la résistance intérieure de la pile.

Une autre cause d'affaiblissement du courant est l'impureté du zinc, qui contient du fer et d'autres métaux; il se forme, avec l'eau acidulée, un grand nombre

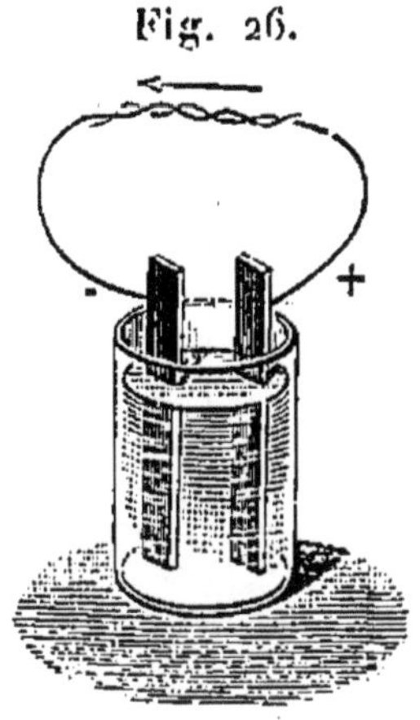

Fig. 26.

de petits couples locaux sur la lame de zinc, entre les particules de zinc et celles des autres métaux, moins attaquables, qui y adhèrent, ce qui produit un dégagement d'hydrogène sur la lame de zinc et une usure rapide de ce métal.

Zinc amalgamé. — On a reconnu que ces actions parasites et secondaires cessent, ou, du moins, sont très atténuées, lorsqu'on amalgame le zinc, c'est-à-dire lorsqu'on l'allie avec du mercure.

Les piles sans dépolarisant ne peuvent servir à aucune application qui demande une certaine constance de courant, à cause de leur affaiblissement rapide.

Piles à un liquide, avec dépolarisant solide. — Parmi les piles à un liquide, avec dépolarisant solide, nous décrirons celles de Leclanché, de Maiche, de Lalande et Chaperon.

Élément Leclanché. — L'ancien modèle Leclanché
(*fig.* 27) se compose d'une dissolution de chlorhydrate

Fig. 27.

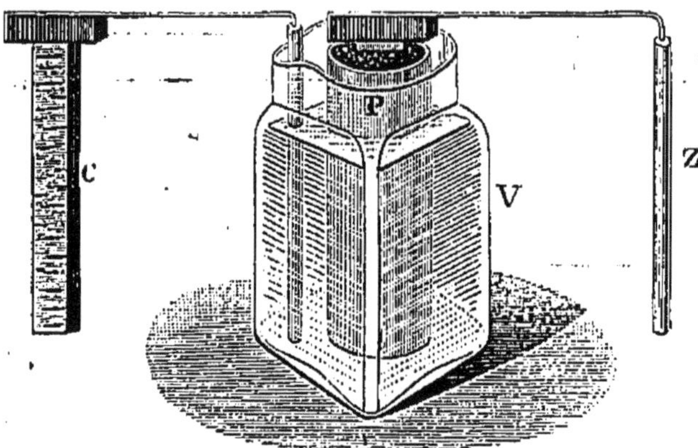

d'ammoniaque, dans laquelle plongent une lame de zinc
formant électrode négative, et un vase poreux qui con-

Fig. 28.

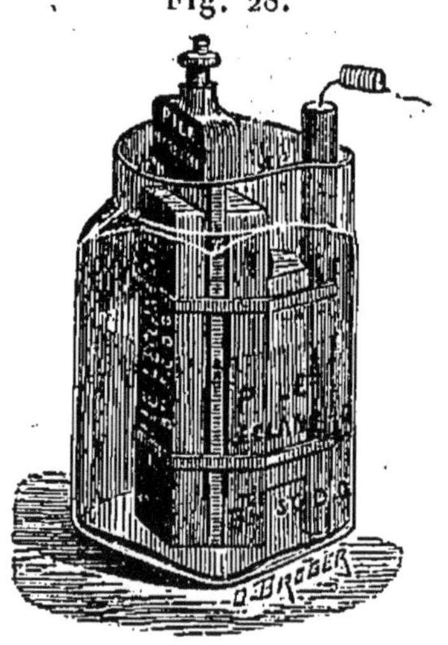

tient une lame de charbon formant électrode positive
avec un mélange de charbon et de bioxyde de manganèse constituant le dépolarisant.

Dans le dernier modèle (*fig.* 28) le vase poreux est

supprimé; à la lame de charbon sont fixées des plaques formées d'un aggloméré de charbon et de bioxyde de manganèse. Cette disposition présente l'avantage de diminuer la résistance intérieure par la suppression du vase poreux.

L'hydrogène dégagé sur le bioxyde de manganèse s'unit à l'oxygène que renferme cette substance; il se produit ainsi de l'eau, et la polarisation est ralentie; sur l'électrode négative il se produit du chlorure de zinc, qui est soluble.

Les constantes de la pile Leclanché sont les suivantes :

Force électromotrice.... ...... $1^{volt},48$

Résistance intérieure :

D'un élément à vase poreux .... 4^{ohms} à 8^{ohms}
D'un élément à agglomérés..... $0^{ohm},9$ à $1^{ohm},8$

Cette pile ne travaille qu'en circuit fermé.

Élément Maiche. — Dans l'élément Maiche, la dissolution est de l'eau acidulée ou saturée de sel marin. Une des électrodes est en zinc, l'autre en charbon entouré de fragments de charbon platiné plongeant en partie dans le liquide. Le dépolarisant est le charbon platiné, qui produit, par condensation, la combinaison de l'hydrogène dégagé sur l'électrode positive avec l'oxygène de l'air :

Force électromotrice avec le sel marin... $1^{volt},25$

Cette pile travaille en circuit ouvert, le zinc étant attaqué par l'eau acidulée ou salée.

Avec le chlorhydrate d'ammoniaque, cet inconvénient n'a pas lieu.

Élément de Lalande et Chaperon. — L'élément de Lalande et Chaperon se compose d'un récipient en fer contenant une dissolution de potasse, dans laquelle plonge une électrode en zinc amalgamé; une couche de bioxyde

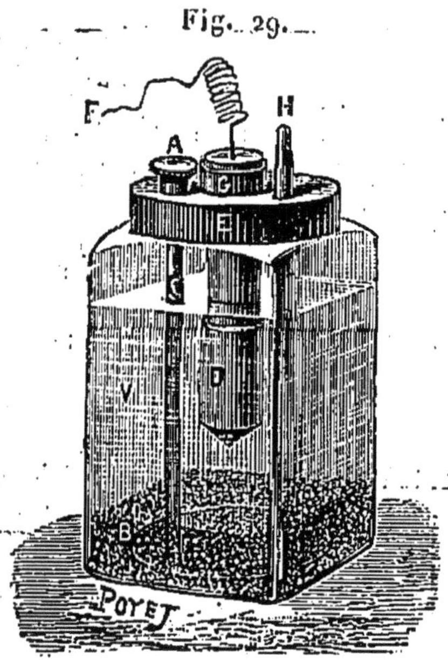

Fig. 29.

de cuivre tapisse le fer et forme dépolarisant, en fournissant de l'oxygène qui s'unit à l'hydrogène dégagé sur l'électrode positive pour donner de l'eau.

Le zinc est attaqué par la potasse, en circuit fermé, et se transforme en zincate de potasse soluble; l'hydrogène réduit le bioxyde de cuivre à l'état de cuivre bon conducteur.

Il existe un grand nombre de modèles de cet élément, adaptés aux différentes applications.

La *fig.* 29 représente le plus petit modèle, et la *fig.* 30 le plus grand.

Force électromotrice, au début............ 0volt,9
Après un certain temps de fonctionnement. 0volt,7

Résistance intérieure :

Grand modèle................ $0^{ohm},03$
Petit modèle................. $1^{ohm},2$

Le grand modèle à auges contient environ 1900000 coulombs.

La pile de Lalande et Chaperon est constante et ne travaille pas en circuit ouvert.

Dans l'élément de Lalande type 1897, le zinc est disposé en cylindre vertical; à l'intérieur se trouve une

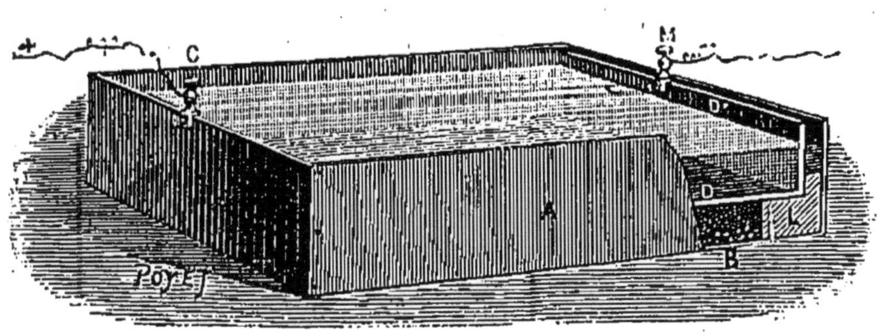

Fig. 30.

boîte cylindrique, en tôle perforée et entourée d'un tissu poreux, qui renferme l'oxyde de cuivre. Le grand modèle a une résistance intérieure de $0^{ohm},03$ et peut débiter 5 à 6 ampères en régime normal, ou 15 à 20 ampères en régime forcé; il contient 600 ampères-heures.

Piles à un liquide avec dépolarisant dissous. — Ces piles dérivent toutes d'un même type, la pile au bichromate de potasse ou de soude ou, en général, à sel chromique, et ne diffèrent que par les proportions des substances qui y entrent.

Pile à acide chromique. — Elle est formée d'une dissolution d'un bichromate dans l'eau acidulée avec de l'acide sulfurique, de sorte que, en définitive, les liquides actifs sont les acides sulfurique et chromique. Ce dernier sert de dépolarisant.

Plusieurs formules ont été données par Poggendorff, Chutaux, Delaurier, Trouvé, Tissandier, etc.

Une des électrodes est en zinc amalgamé, l'autre en charbon.

Force électromotrice.............. $1^{volt},8$ à 2^{volts}

Résistance intérieure d'autant plus faible que la proportion d'acide sulfurique est plus forte; elle est généralement de quelques centièmes d'ohm.

Toutes les piles de cette catégorie travaillent en circuit ouvert; on a imaginé des systèmes à treuil, qui permettent de ne plonger les électrodes dans le liquide que pendant les instants où la pile doit fonctionner. Cette disposition permet, en outre, de faire varier la résistance intérieure, c'est-à-dire l'intensité du courant, suivant la surface plongée.

Piles à deux liquides. — Les piles à deux liquides sont formées de deux récipients : l'un, extérieur et étanche, contient un des liquides et une des électrodes; l'autre, intérieur et poreux, renferme l'autre liquide et l'autre électrode.

L'électrode négative, qui est encore le zinc, est placée dans une dissolution acide, et l'électrode positive est plongée dans le liquide dépolarisant.

Le vase poreux est constitué soit en terre poreuse, soit en parchemin ou en tissu, et doit résister à l'action corrosive des liquides en contact; dans chaque cas, le meilleur récipient poreux est celui qui, n'étant pas atta-

qué par les liquides, présente la résistance la plus faible
au passage du courant.

Élément Daniell. — L'élément Daniell est le plus
ancien des couples à deux liquides. Une lame de zinc
plonge dans de l'eau acidulée ou salée, ou dans une dissolution de sulfate de zinc; l'autre électrode, en cuivre,
est en contact avec une dissolution de sulfate de cuivre
(*fig.* 31).

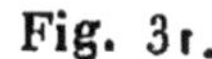

Fig. 31.

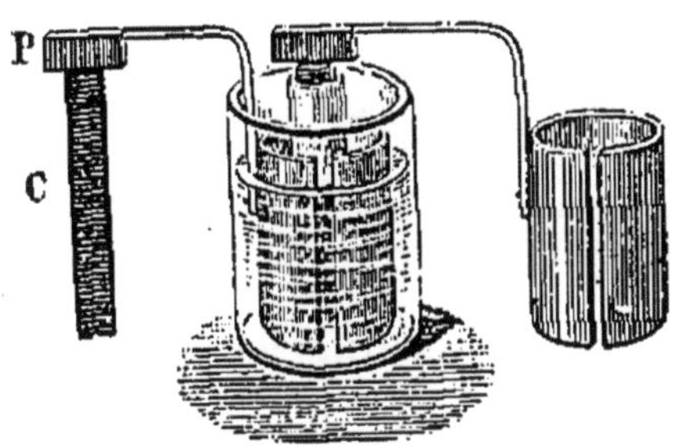

Le sulfate de cuivre forme dépolarisant; il est décomposé par l'hydrogène qui se dégage sur l'électrode positive, en cuivre qui se dépose sur le cuivre, et en acide
sulfurique qui est rendu libre. Celui-ci passe au travers
du vase poreux et maintient l'acidité du liquide qui entoure le zinc.

Force électromotrice, environ .... 1^{volt}

Résistance intérieure variable entre quelques ohms
et $\frac{1}{8}$ d'ohm suivant les surfaces et les diaphragmes poreux.

Cette pile est très constante; mais elle s'use en circuit
ouvert, surtout si le zinc est en contact avec de l'eau
acidulée ou salée. Elle a reçu un grand nombre de modifications; une des plus importantes est celle qui consiste à supprimer le vase poreux et à séparer les deux

liquides par leur différence de densité; c'est l'élément Callaud (*fig.* 32) ou Meidinger. Le sulfate de cuivre

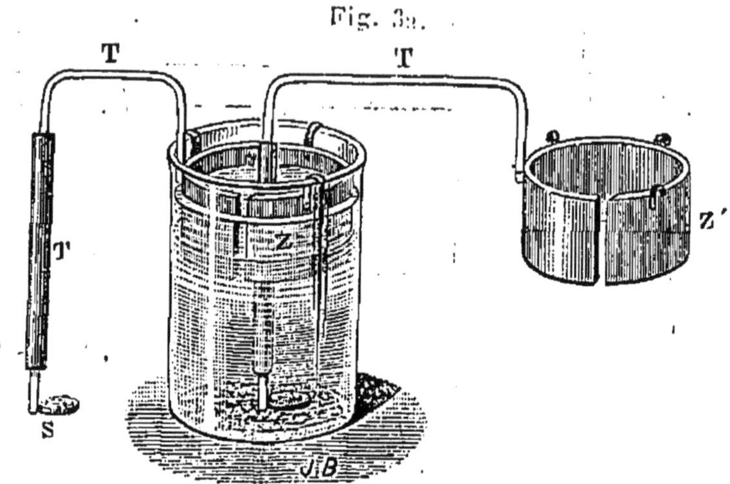

occupe la partie inférieure du récipient, dans laquelle est placée l'électrode cuivre; le sulfate de zinc, moins dense, surnage à la partie supérieure, en contact avec l'électrode zinc.

Élément Grove. — Le zinc plonge dans de l'eau acidulée, l'autre électrode est en platinè, et le liquide dépolarisant l'acide azotique, qui fournit de l'oxygène à l'hydrogène qui se dégage sur l'électrode positive, pour former de l'eau.

Force électromotrice........................ $1^{volt},96$.

Élément Bunsen. — Le platine est remplacé par du charbon artificiel de cornue ou de lumière électrique (*fig.* 33). L'acide azotique peut être mélangé avec de l'acide chlorhydrique (d'Arsonval).

Force électromotrice........................ $1^{volt},8$.

Élément Marié-Davy. — C'est la pile Bunsen, dans

laquelle l'acide azotique est remplacé par une pâte de sulfate de protoxyde de mercure, tassée autour du charbon.

Force électromotrice.................... $1^{volt},2$.

Élément au bichromate de potasse. — Le zinc plonge dans de l'eau acidulée, et le charbon dans une

Fig. 33.

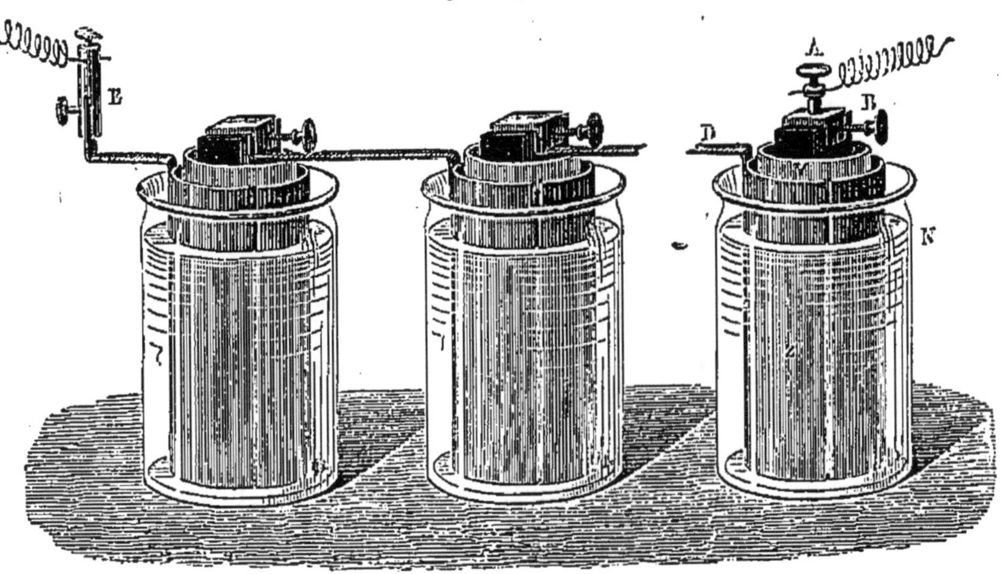

dissolution de bichromate de potasse dans l'eau acidulée.

Force électromotrice.......... $1^{volt},8$ à 2^{volts}.

Résistance intérieure plus grande que celle des piles à bichromate à un liquide, à cause du vase poreux.

On peut remplacer le bichromate de potasse par le bichromate de soude, qui est plus soluble, ou encore par l'acide chromique.

Usage des piles. — Parmi les piles que nous venons d'examiner, les plus usitées sont les suivantes :

1° Pour la télégraphie et la microphonie, et, en général, pour les applications qui ne demandent pas un courant énergique (moins de quelques dixièmes d'ampère) :

La pile Leclanché; elle ne se polarise pas sensiblement à faible débit et est susceptible de donner une intensité plus grande, ce qu'on appelle un *coup de fouet,* pendant quelques instants; la polarisation est alors rapide, mais elle disparaît très vite dès que le circuit est ouvert;

La pile Daniell, sous toutes ses formes;

La pile de Lalande, petit modèle.

2° Pour la lumière électrique, et, en général, pour les applications qui demandent une intensité assez grande (quelques ampères) :

Les piles au bichromate de potasse, à un ou deux liquides;

La pile Bunsen, moins employée à cause de son grave défaut de dégager des vapeurs rutilantes d'acide hypoazotique;

La pile de Lalande, grand modèle.

Pour tous les effets qui demandent un courant de longue durée, on s'adressera de préférence à la pile Daniell, et, pour des courants plus intenses, à la pile de Lalande; les avantages de cette dernière tiennent à l'emploi d'un dépolarisant solide, capable d'absorber rapidement une grande quantité d'hydrogène, et donnant naissance, par sa réduction, à un corps très bon conducteur; son entretien est nul jusqu'à complet épuisement.

Les piles à deux liquides ont, d'ailleurs, un grand

inconvénient pour un usage prolongé : c'est que le dépolarisant liquide se mélange très rapidement, au travers du vase poreux, avec le liquide qui attaque le zinc, et inversement, ce qui a pour résultat de rendre les deux liquides moins actifs et de les appauvrir tous les deux.

Signe conventionnel. — On représente sur une figure les deux électrodes d'un élément de pile, soit par deux petites circonférences, soit par deux traits de longueurs différentes ; une série d'éléments, associés en tension, s'indique par une suite de circonférences ou par une suite de traits ı | ı | ı | ; le trait le plus long est ordinairement le pôle positif.

2° Sources à action calorifique.

Soient deux métaux AA′ et BB′, et, en général, deux corps conducteurs et de nature différente (*fig.* 34)

Fig. 34.

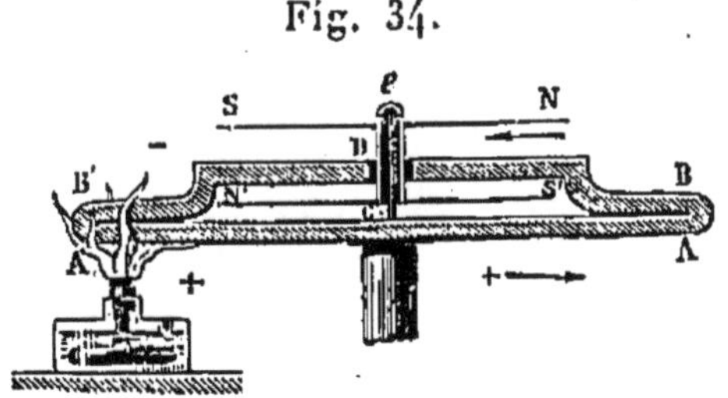

soudés entre eux. Si l'on chauffe la soudure, il se développe, dans le circuit ainsi constitué, un courant électrique qui est révélé par le système astatique d'aiguilles NS, N′S′, et dont le sens est déterminé par la nature des corps en présence ; on a ainsi un élément de *pile thermo-électrique.*

Constantes. — La force électromotrice dépend des substances en présence, et est, pour deux corps donnés, proportionnelle à la différence des températures de la soudure et du reste du circuit. Elle a une valeur relativement grande lorsqu'on emploie l'antimoine et le bismuth ; le courant est alors dirigé du bismuth à l'antimoine en passant par la soudure chaude, comme l'indique la *fig.* 34, dans laquelle AA′ représente l'antimoine et BB′ le bismuth. Mais cette force électromotrice est bien faible si on la compare à celle que donnent les piles hydro-électriques et les machines. Il est vrai que, pour l'augmenter, on peut grouper un grand nombre de ces éléments en série, en ayant soin de chauffer seulement toutes les soudures de rang pair, ou bien toutes celles de rang impair, de façon que tous les courants élémentaires soient de même sens (*fig.* 35). La force

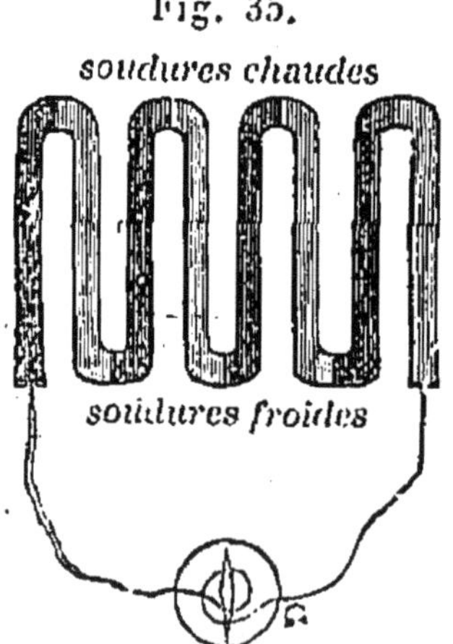

Fig. 35.

électromotrice est alors proportionnelle, pour chaque espèce de couple, à la différence de température entre les soudures chauffées et celles qui ne le sont pas. On a essayé d'utiliser ce phénomène au point de vue pratique.

M. Clamond a construit une pile formée de 6000 éléments dont chacun était constitué par du fer et un alliage de bismuth et d'antimoine, avec soudure autogène. Tous ces éléments étaient associés en série. Cette pile, chauffée au coke, avait une force électromotrice de 109 volts, soit $0^{volt},02$ par élément, et une résistance intérieure de $15^{ohms},5$.

Usage. — Toutefois, les applications de cette sorte sont forcément très restreintes, parce que les piles thermo-électriques ne transforment en travail électrique que 3 à 4 pour 100 du travail calorifique dépensé.

On utilise plutôt leur sensibilité et leur constance pour mesurer de faibles différences de température et pour produire une force électromotrice constante; on obtient ce dernier résultat en maintenant constante la différence de température entre les soudures paires et les soudures impaires; on peut, par exemple, plonger les unes dans la glace fondante et les autres dans l'eau bouillante.

3° Sources utilisant les phénomènes d'induction.

Les sources les plus usitées aujourd'hui pour produire des courants énergiques sont les machines qui utilisent les phénomènes d'induction.

Lorsqu'une bobine se déplace dans un champ magnétique ou électrique, il s'y développe une force électromotrice, dont le sens est donné par la loi de Lenz, et dont la valeur est proportionnelle à la variation du flux qui traverse la bobine. Une machine électrique sera donc constituée, en général, par des aimants ou électro-aimants destinés à produire les champs inducteurs, et par des bobines disposées de façon à couper les lignes de force ; on rendra mobiles soit les champs, soit les bobines, suivant les cas ; et l'on cherchera à recueillir de la façon la plus simple les courants développés dans les bobines induites.

La machine est appelée *magnéto* quand les champs inducteurs sont produits par des aimants permanents, et *dynamo* quand ils sont dus à des électro-aimants.

Dans les machines dynamos, le courant qui produit l'excitation des électros inducteurs provient soit d'une autre machine, appelée *excitatrice,* soit de la machine elle-même, qui est dite alors *auto-excitatrice.* Lorsqu'il existe une excitatrice séparée, le champ magnétique est constant et indépendant de la machine génératrice ; si la machine est auto-excitatrice, le champ magnétique dépend du fonctionnement de la machine.

Quand le courant produit par une machine a un sens constant, on dit qu'elle est à *courants continus;* si le sens change, elle est à *courants alternatifs,* et prend aussi le nom d'*alternateur.*

Le courant continu a d'abord été le plus employé, parce qu'il permettait d'effectuer directement tous les genres de travaux auxquels se prête l'électricité ; il pouvait ainsi être utilisé non seulement pour l'éclairage, mais aussi pour le transport du travail mécanique au moyen de machines électriques servant de moteurs, et pour le travail chimique représenté surtout alors par la charge des accumulateurs. Le courant alternatif était uniquement réservé à l'éclairage, auquel il apportait une simplification en rendant possible l'usage de lampes dépourvues d'organes régulateurs, comme la bougie Jablochkoff. Mais, depuis quelques années, on a trouvé des dispositions pratiques pour actionner des moteurs en alternatif, surtout avec les courants polyphasés et les champs tournants, et pour transformer un courant alternatif en courant continu indispensable à la charge des accumulateurs qui font maintenant partie d'un grand nombre d'installations électriques.

Dès lors, le courant alternatif a pu développer tous les avantages qu'il possède au point de vue de la simplicité de production et de l'élasticité d'emploi. En effet, lorsqu'une bobine passe du champ d'un pôle magnétique nord à celui d'un pôle magnétique sud, le courant induit change de sens; on a donc là, tout naturellement, un courant alternatif facile à recueillir. De plus, grâce à l'induction, on peut très simplement transformer, par des organes fixes, un courant alternatif en un autre de plus grande force électromotrice et de plus faible intensité, ou inversement, de façon à *adapter* le courant aux différents organes qu'il doit traverser et actionner; ainsi, pour franchir de longs conducteurs et transporter l'énergie à grande distance, on augmentera au départ le nombre des volts en diminuant celui des ampères, ce qui permettra d'employer des fils de section plus faible et par conséquent moins coûteux; puis, sur les points d'utilisation on opérera la transformation inverse afin d'alimenter les appareils d'utilisation dans les meilleures conditions de fonctionnement et de rendement.

Aussi le courant alternatif prend-il une extension considérable dans les installations nouvelles, en particulier dans celles qui s'organisent actuellement de tous côtés pour transporter à grande distance l'énergie des chutes d'eau et la distribuer sous toutes les formes sur des régions habitées.

9

Machines à courants continus.

Nous prendrons comme exemple des machines à courants continus la machine Gramme, qui a réalisé la première un type vraiment industriel, et dont le principe est appliqué aujourd'hui à un grand nombre de variétés.

Machine Gramme magnéto. — Considérons d'abord le cas le plus simple, celui de la machine magnéto. Soient deux pôles d'aimants, de noms contraires, N et S (*fig.* 36); entre eux tourne un anneau de fer doux, sur lequel est enroulé un fil de cuivre isolé.

Les différentes sections de l'anneau de fer doux s'ai-

Fig. 36.

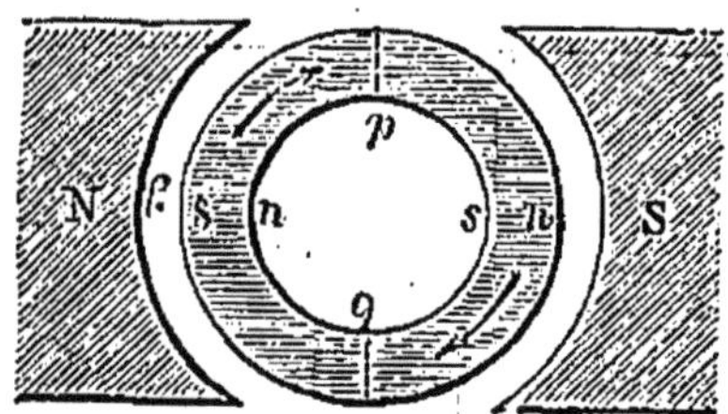

mantent en passant devant les pôles inducteurs, et se désaimantent après les avoir dépassés, de sorte qu'il se produit dans l'anneau deux pôles s et n de noms contraires aux deux pôles inducteurs N et S, et fixes dans l'espace; il se forme aussi une ligne neutre pq, où l'aimantation est nulle, sur un diamètre perpendiculaire à ns. Tout se passe donc comme si l'anneau était immobile, et le fil seul mobile dans un champ magnétique fixe. On comprendra facilement le fonctionnement en se reportant à l'action d'un barreau aimanté qui pénètre dans une bobine, exemple qui nous a servi pour constater les phénomènes d'induction (Chap. V); ici, le

barreau est remplacé par l'anneau ; on voit que le courant
doit changer de sens dans la bobine au moment où le
milieu de celle-ci se trouve sur la ligne neutre *pq*.

En réalité, comme le fer de l'anneau n'est jamais com-
plètement doux, ses différentes sections ne se désaimantent pas immédiatement après avoir dépassé les pôles
inducteurs, et il en résulte un entraînement de la ligne
des pôles de l'anneau, dans le sens de la rotation de celui-
ci ; la ligne neutre suit le même mouvement.

La *fig.* 37 donne une idée de la façon dont se répar-

Fig. 37.

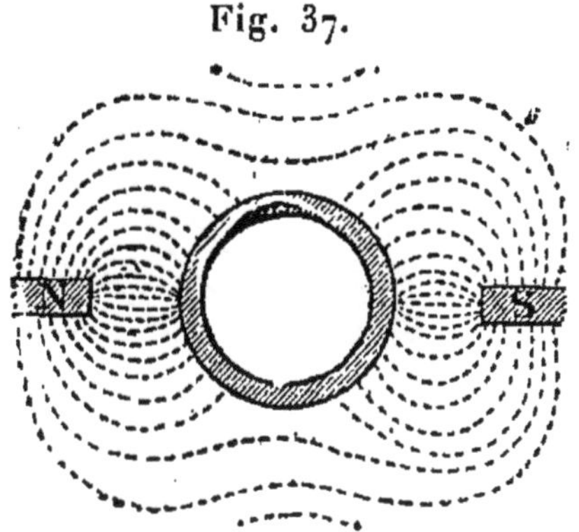

tissent les lignes de force dans l'espace compris entre
deux pôles N et S et un anneau de fer doux.

Pour recueillir les courants, on segmente le fil de l'anneau en un grand nombre de bobines *a, d* (*fig.* 38) ; le fil
d'entrée de chaque bobine et le fil de sortie de la précédente sont soudés entre eux et à une lame de cuivre C ;
toutes ces lames de cuivre sont disposées suivant les
rayons d'un cylindre en substance isolante dans lequel
elles sont encastrées ; elles sont isolées électriquement
les unes des autres. Ce cylindre est nommé *collecteur*,
parce qu'il permet de recueillir les courants engendrés
dans les spires du fil de l'anneau ; on obtient ce ré-

sultat au moyen de *balais,* composés d'un grand nombre
de fils métalliques, qui frottent sur le collecteur, aux
deux extrémités du diamètre correspondant à la ligne
neutre.

Les balais communiquent avec des bornes, auxquelles

Fig. 38.

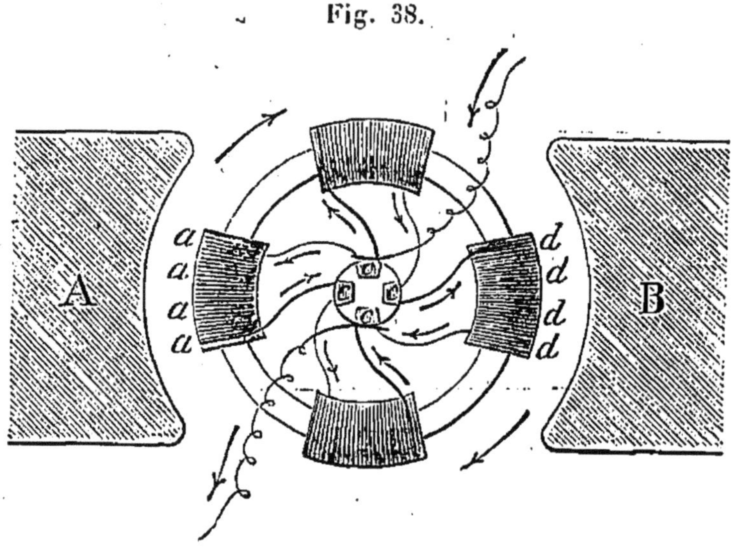

on attache les deux extrémités du conducteur formant
le circuit extérieur.

Chaque fois que ces deux balais frottent sur des lames
de cuivre du collecteur, il y a continuité de conductibilité, autrement dit le circuit est fermé, et la différence
de potentiel développée dans les spires de fil engendre
un courant. Le circuit ne se ferme, et, par conséquent,
le courant ne se produit, qu'au moment où les deux
balais se trouvent en même temps au contact de deux
lames opposées du collecteur; pour rendre le courant
ininterrompu, on fait en sorte que chaque balai frotte
en même temps sur deux lames voisines; c'est pour
obtenir ce résultat que l'on compose le balai d'un grand

nombre de fils flexibles, qui touchent le collecteur sur une surface assez large pour qu'il n'y ait pas interruption de contact.

La position dans laquelle les balais sont fixés, ou, suivant l'expression consacrée, leur *calage*, dépend de

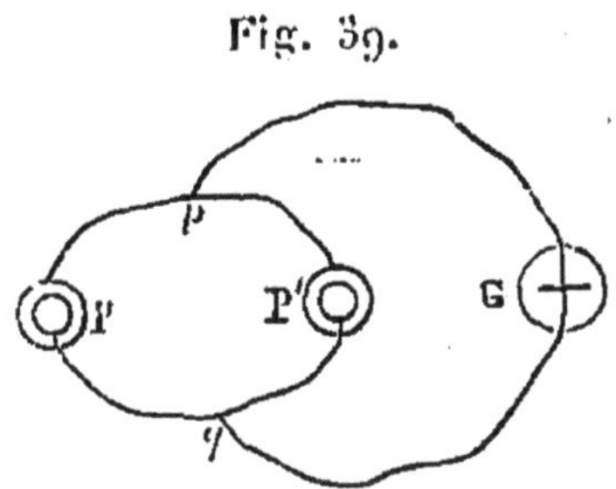

Fig. 39.

la position de la ligne neutre; cette dernière varie avec la vitesse de l'anneau, d'abord par entraînement des

Fig. 40.

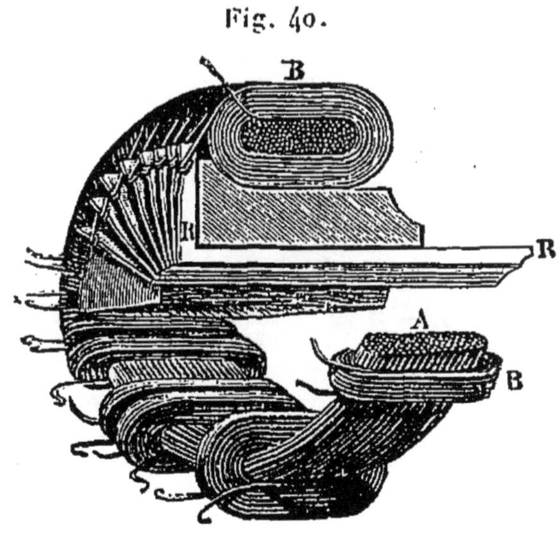

pôles induits, puis par suite de la formation de pôles secondaires dans l'anneau sous l'influence du courant induit. Il faut tenir compte aussi, pour placer les balais, de la self-induction développée dans les spires de l'induit. Pratiquement, on choisit une position pour laquelle les étincelles entre les balais et le collecteur sont réduites au minimum. On voit sur la *fig.* 39 la façon dont le courant est recueilli aux deux points p et q considérés comme les pôles résultants de deux sources P, P′ opposées par leurs pôles de mêmes noms; sur la *fig.* 40 le

Fig. 41.

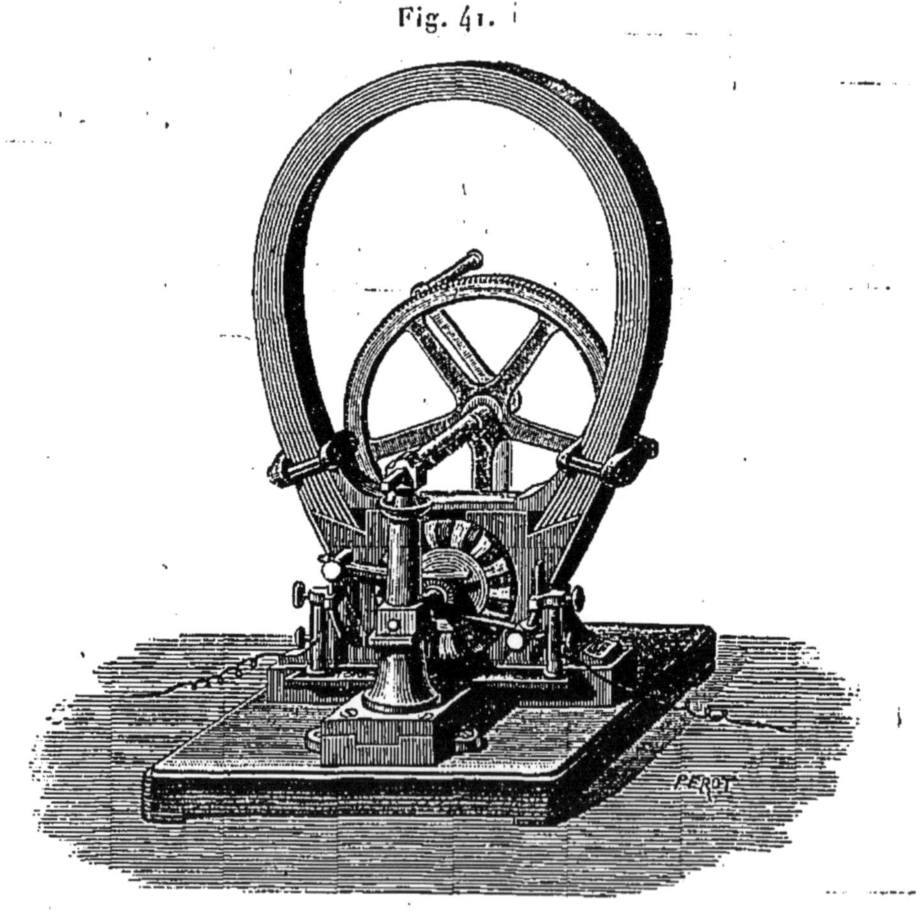

mode de construction de l'anneau; enfin, sur la *fig.* 41 l'ensemble de la machine Gramme magnéto à bras.

Machine Gramme dynamo. — Sous sa première forme, la machine Gramme dynamo (*fig.* 42) a, comme inducteurs, des électro-aimants formés de deux barreaux

Fig. 42.

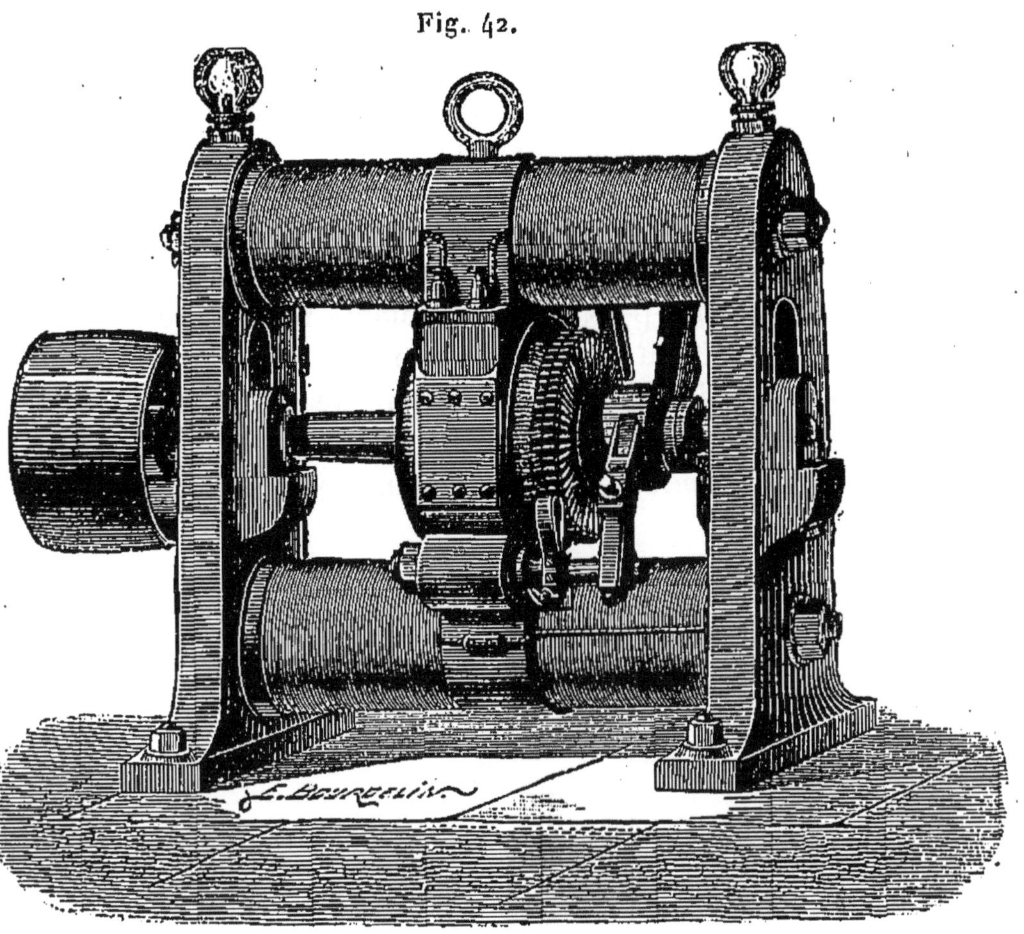

de fer doux, autour desquels est enroulé un fil de cuivre isolé, disposé de façon à déterminer, lorsqu'il est traversé par un courant, un pôle d'un certain nom au milieu d'un des barreaux, et un pôle de nom contraire au milieu de l'autre. Dans les machines puissantes, chaque système inducteur est composé de plusieurs barreaux. Une armature en fer, adaptée à chaque pôle inducteur, embrasse chaque moitié de l'anneau et concentre sur lui le champ magnétique.

L'anneau est formé d'un rouleau de fils de fer, dont les couches sont séparées au moyen d'un isolant; on évite ainsi le développement, dans la masse de l'anneau, de courants induits, dits de Foucault, qui produisent un travail nuisible et échauffent l'anneau.

Différents modes de produire le champ magnétique des dynamos. — L'excitation du champ magnétique d'une dynamo peut se faire, comme nous l'avons vu plus haut, soit au moyen d'une machine indépendante, soit en utilisant tout ou partie du courant de la machine elle-même.

Nous allons examiner successivement ces différentes solutions.

1º *Excitation séparée.* — Une machine indépen-

Fig. 43.

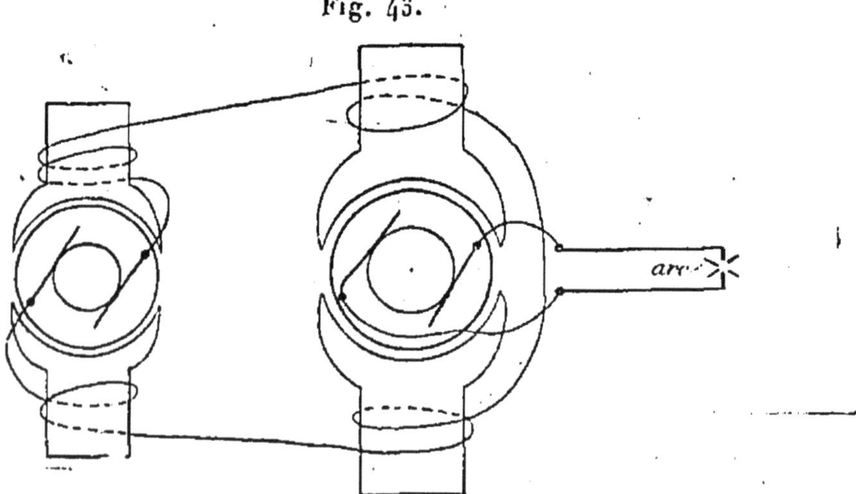

dante produit le courant nécessaire pour aimanter les

électros inducteurs. Les extrémités du circuit extérieur sont reliées aux deux bornes qui communiquent avec les balais de la machine génératrice (*fig.* 43). Si la vitesse de l'excitatrice est constante, sa force électromotrice l'est aussi; comme son circuit extérieur est formé uniquement du fil des électros inducteurs de la génératrice, sa résistance est constante; l'intensité du courant qu'elle fournit est donc aussi constante, et le champ magnétique de la génératrice est invariable. Il en résulte que, pour une vitesse déterminée de la génératrice, sa force électromotrice est constante, quelles que soient les modifications qui surviennent dans la résistance du circuit extérieur.

2° *Excitation au moyen du courant entier de la machine. Série dynamo.* — Le fil de l'anneau, celui des

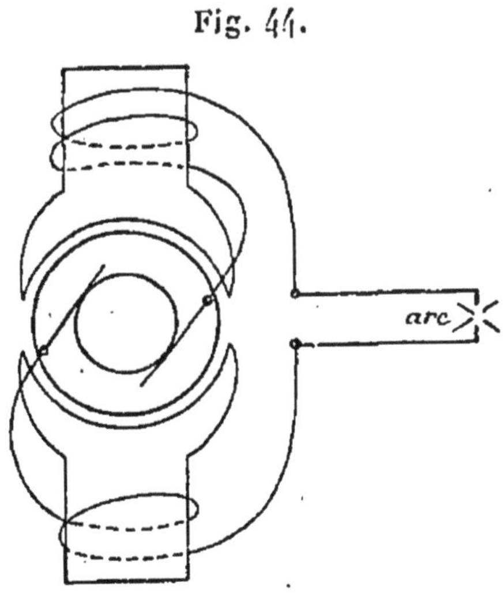

Fig. 44.

inducteurs, et celui du circuit extérieur sont reliés bout à bout et forment un seul circuit (*fig.* 44). Ce genre de machine est souvent appelé *série dynamo,* parce que tous ces conducteurs sont reliés en une seule série. Le courant part du balai positif, traverse le fil d'un des groupes d'inducteurs, arrive à la borne positive de la machine, traverse le circuit extérieur, passe par la borne négative, suit le fil de l'autre groupe d'inducteurs, et revient à l'anneau par le balai négatif.

Comme le fer des inducteurs n'est jamais parfaitement doux et conserve toujours du magnétisme rémanent, il existe un premier champ magnétique, qui détermine dans l'induit un premier courant; celui-ci, traversant le fil des électros inducteurs, accroît l'intensité du champ magnétique; il en résulte une augmentation de force électromotrice et d'intensité du courant induit, et ainsi de suite, jusqu'à ce que l'intensité du champ magnétique ait atteint sa limite d'équilibre. L'*amorçage* suppose que la résistance du circuit n'est pas trop forte.

Dans ce système, l'intensité du courant qui circule dans le fil des inducteurs est diminuée par une augmentation de la résistance extérieure, puisqu'il n'existe qu'un seul circuit; cette diminution d'intensité produit une diminution de puissance du champ magnétique et, par suite, un affaiblissement de la force électromotrice. L'intensité du courant diminue donc au même moment pour deux causes : 1° augmentation de la résistance; 2° diminution de la force électromotrice. Par conséquent l'intensité s'affaiblit dans une proportion considérable pour une petite augmentation de la résistance.

3° *Excitation au moyen d'une partie du courant de la machine. Shunt-dynamo.* — Les inducteurs sont disposés en dérivation sur le circuit extérieur, aux bornes de la machine. Ce genre de machine est souvent appelé *shunt-dynamo,* parce que le fil des inducteurs est shunté, c'est-à-dire dérivé, sur le circuit général (*fig.* 45).

Le courant part du balai positif, se rend à la borne positive, et, là, bifurque entre le circuit inducteur et le

Fig. 45.

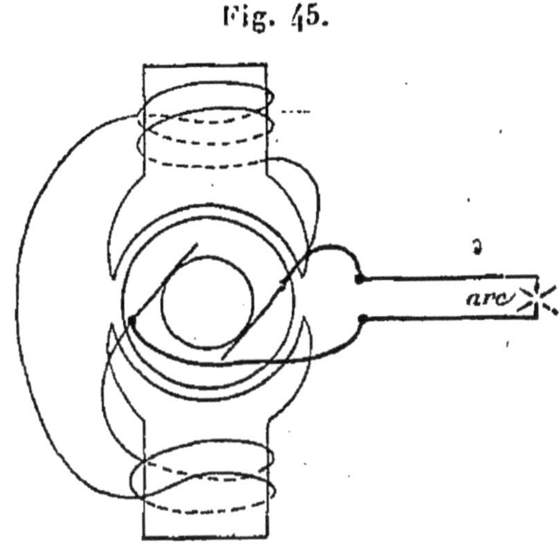

circuit extérieur, qui forment deux circuits dérivés; il parvient ensuite, par ces deux circuits, à la borne négative, et rentre par le balai négatif dans l'anneau.

Le fil inducteur est fin et long, de façon que sa résistance soit plus grande que celle du circuit extérieur, et qu'il ne passe dans cette dérivation que la quantité d'électricité nécessaire à l'aimantation des électros inducteurs. Dans ces conditions, un changement de la résistance du circuit extérieur influe peu sur l'intensité du courant inducteur, et, par suite, sur l'intensité du champ magnétique et sur la force électromotrice.

Contrairement à ce qui se passait dans le cas précédent, une augmentation de résistance du circuit extérieur, déterminant une augmentation d'intensité du circuit dérivé, produit une augmentation de force électromotrice. On conçoit donc la possibilité de compenser par cette augmentation de force électromotrice la diminution d'intensité que produit dans le circuit extérieur une augmentation de résistance, et, par conséquent, d'obtenir avec ce mode d'excitation une intensité à peu près constante, malgré les variations de résistance du circuit extérieur, sans modifier la vitesse de la machine.

Mais aussi une variation du nombre de tours, influant sur la force électromotrice, introduit un changement d'intensité qui se répartit entre le circuit inducteur et le circuit extérieur en raison inverse de leurs résistances; comme ce dernier est le moins résistant, c'est lui qui est surtout influencé par les variations de vitesse de la machine.

Nous avons supposé que les appareils destinés à utiliser le courant dans le circuit extérieur étaient placés en série; dans ce cas, lorsqu'on en supprime, on diminue la résistance du circuit; lorsqu'on en ajoute, on l'augmente.

Si, au contraire, ils sont placés en dérivation, la suppression d'un appareil et de son circuit dérivé augmente la résistance totale du circuit extérieur, et, par suite, l'intensité du circuit inducteur et la force électromotrice; et inversement.

4° *Excitation composée* (*compound*). — On peut combiner entre eux ces différents modes d'excitation, pour obtenir tel ou tel résultat. Une des combinaisons les plus employées consiste dans l'excitation composée, ou *compound* (*fig*. 46), qui est formée de la superposition de l'excitation en série et de l'excitation en dérivation. Les électros portent deux fils : l'un, peu résistant, placé dans le circuit principal ; l'autre, d'une résistance plus grande, disposé en dérivation. Si la résistance du circuit extérieur augmente, l'intensité diminue dans le gros fil qui entoure les électros et qui est dans le circuit principal, tandis qu'elle augmente dans le fil fin des électros, qui est en dérivation ; on conçoit qu'il est pos-

Fig. 46.

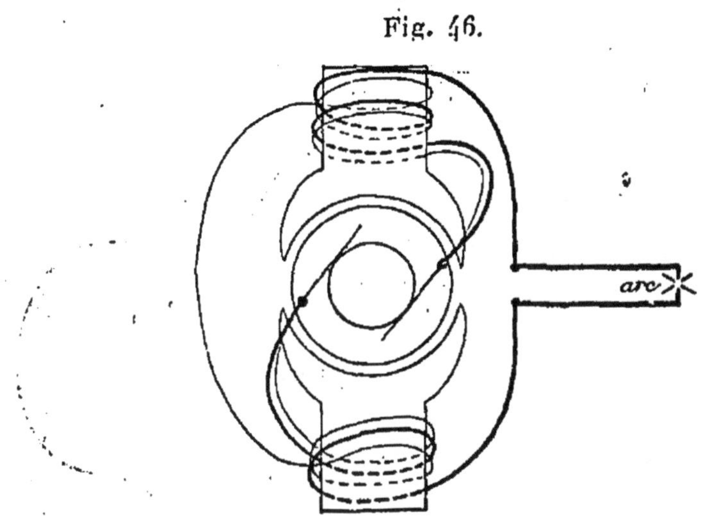

sible de compenser les actions de cette diminution et de cette augmentation d'intensité sur le champ magnétique, et d'obtenir une force électromotrice sensiblement constante malgré les variations de résistance du circuit extérieur.

Le travail électrique total EI est alors proportionnel à l'intensité I ; le travail mécanique absorbé, qui varie proportionnellement au travail électrique, se règle automatiquement de façon à fournir au circuit le travail strictement nécessaire. Ce mode d'excitation joue donc le rôle de régulateur, et proportionne, à chaque instant, le travail consommé au travail utile.

Les considérations qui précèdent sur les différents

modes d'excitation s'appliquent à toutes les machines dynamos.

Machines dérivées du type Gramme. — L'anneau employé par Gramme dans ses machines est dù à

Fig. 47.

Pacinotti; mais Gramme a le mérite de l'avoir rendu pratique. Son rôle est d'augmenter l'intensité du champ magnétique, et aussi de servir d'écran par rapport à l'action des pôles inducteurs sur les portions de fil placées à l'intérieur de l'anneau, action qui est nuisible parce qu'elle tend à produire dans ces portions de fil un courant de sens contraire au courant principal.

Cette forme d'induit a donné naissance à un grand nombre de machines, dans lesquelles les électros sont placés de différentes façons.

La *fig.* 47 montre une machine à quatre pôles, à anneau Gramme, avec un balai par pôle.

Dans la machine Schuckert, l'anneau est plat, et l'induction se fait sur les faces latérales.

Dans la machine Brush, les spires de fil sont encastrées dans les faces latérales de l'anneau, et l'induction se fait aussi latéralement.

L'anneau Weston est à claire-voie pour la ventilation.

La machine Jungers comporte, à l'intérieur de l'anneau, un second système inducteur fixe.

Machine Siemens. — L'induit est formé par une carcasse cylindrique, ou tambour, en fer doux, autour de laquelle est enroulé le fil parallèlement aux génératrices du cylindre de façon à n'occuper que la surface extérieure (*fig.* 48).

Le rôle du fer de la carcasse est ici peu important.

Les inducteurs sont disposés comme l'indique la figure ci-jointe; ils sont reliés par deux armatures en fer qui répartissent le champ magnétique.

Le collecteur et les balais sont les mêmes que dans la machine Gramme.

Ces deux types d'induits sont les plus importants; citons encore le suivant.

Machine Desroziers. — L'induit est formé d'un disque en carton, *sans fer;* sur ce noyau sont enroulés

des fils composés de parties radiales et de parties
courbes. Les inducteurs sont disposés latéralement, de

Fig. 48.

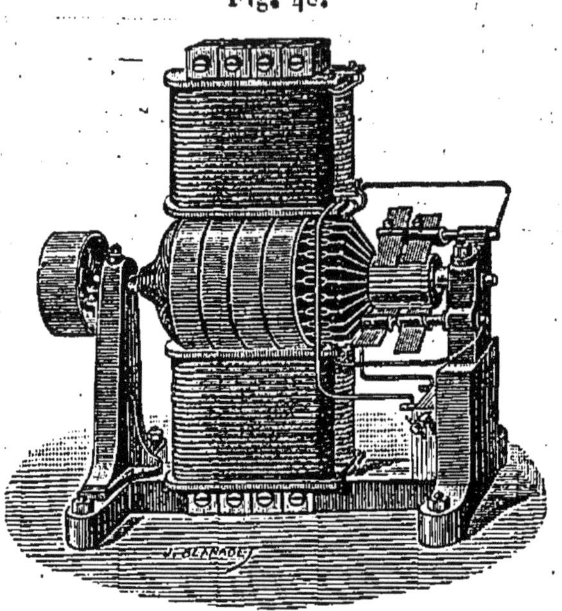

façon que l'induit tourne entre des pôles de noms
contraires.

Le cadre restreint de ce Traité ne nous permet pas
de nous étendre davantage sur ces descriptions.

Caractéristique. — Lorsqu'une machine dynamo à
courants continus tourne à une vitesse constante et que
la résistance extérieure varie, la force électromotrice et
l'intensité varient aussi. La courbe obtenue en prenant
pour abscisses les intensités et pour ordonnées les forces
électromotrices correspondant aux diverses valeurs de la
résistance (*fig.* 49) a été appelée la *caractéristique* de
la machine par M. Marcel Deprez, qui a tiré de l'étude
de cette courbe les conséquences suivantes.

Soient R la résistance mesurée, I l'intensité mesurée;
la force électromotrice E est donnée par la formule de
Ohm

$$E = IR.$$

On a aussi

$$R = \frac{E}{I},$$

c'est-à-dire que la résistance correspondant au point G
est représentée par la tangente de l'angle que fait la droite
OG avec l'axe des x. Si l'on prend OA égal à l'unité

Fig. 49.

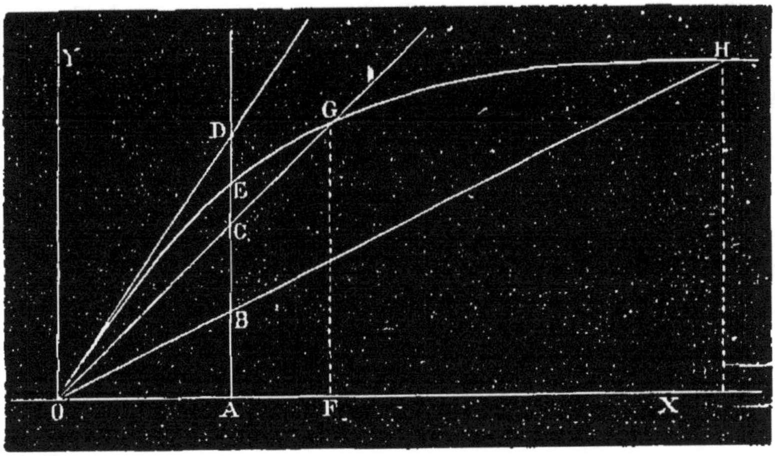

d'intensité, AC donne la valeur en ohms de la résistance
correspondant au point G.

La caractéristique représentée ci-contre est celle de la
machine Gramme du type ordinaire, excitée en série ; la
force électromotrice augmente d'abord rapidement avec
l'intensité, puis devient à peu près constante, et enfin
diminue lorsque l'intensité continue à croître. Cette
forme de la courbe tient à ce que le fer doux des in-

ducteurs a une limite d'aimantation ; il se sature, et, lorsque le point de saturation est atteint, la force électromotrice n'augmente plus avec l'intensité. Il y a donc avantage, au point de vue de la puissance de la machine, à donner à celle-ci des inducteurs massifs, de façon à reculer le point de saturation.

L'étude de cette courbe montre encore qu'on ne peut faire croître la résistance indéfiniment ; sa limite supérieure correspond à la valeur que prend la tangente à la courbe à l'origine O. Pour cette valeur, la force électromotrice et l'intensité sont nulles. Il y a donc, pour chaque dynamo, une limite supérieure de la résistance, au delà de laquelle l'excitation est nulle et la machine cesse de fonctionner ; on dit qu'elle *se désamorce*. Cette limite supérieure est représentée par AD.

Lorsque le champ magnétique est constant, la force électromotrice est proportionnelle à la vitesse : il suffit donc, pour passer d'une caractéristique correspondant à la vitesse V à la caractéristique correspondant à la vitesse V′, de multiplier les ordonnées de la première par le rapport $\frac{V}{V'}$.

On peut encore, laissant la vitesse constante, changer le nombre des tours de fil sur l'anneau, sans changer le volume total, ce qui s'obtient en faisant varier le diamètre du fil ; nous savons que la force électromotrice est alors proportionnelle à la longueur du fil, c'est-à-dire au nombre de tours. La transformation est donc analogue à la précédente.

Enfin, si l'on change l'enroulement des inducteurs sans changer le volume total, le champ magnétique peut rester constant ; la force électromotrice reste constante, mais la résistance augmente proportionnellement au nombre de tours ; l'intensité varie donc en raison inverse du nombre de tours de fil, et la transformation d'une caractéristique dans l'autre s'obtient en multipliant les abscisses de la première par le rapport inverse des nombres de tours.

La caractéristique permet de résoudre graphiquement toutes les questions qui se rattachent au fonctionnement des machines. Comme cette étude nous entraînerait trop loin, nous nous contenterons de donner ci-dessous les caractéristiques de deux machines d'un type usuel, d'après M. Marcel Deprez : celle de la machine Gramme type A (dit *type d'atelier*), de la machine Siemens type

Fig. 50.

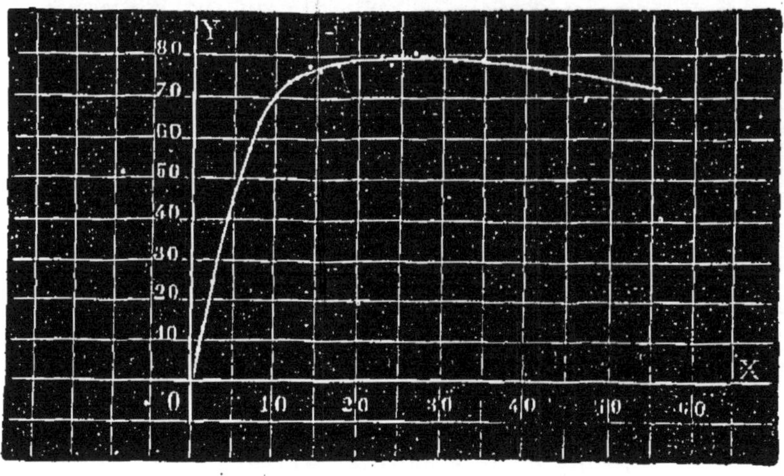

D₀, et, comparativement, de la machine Marcel Deprez, dérivée de la machine Gramme par la substitution d'inducteurs plus gros et formés d'un seul électro-aimant à deux branches terminées par des pièces polaires qui emboîtent l'anneau.

Caractéristique de la machine Gramme type A (ordinaire d'atelier) à la vitesse de 950 tours (*fig.* 50).

Poids de la machine, 210^{kg}.

Résistance inducteurs.......... 0,610
»   induit.............. 0,410
____
»   totale 1,020

Caractéristique de la machine Siemens type D_0 à la vitesse de 670 tours (*fig.* 51).

Fig. 51.

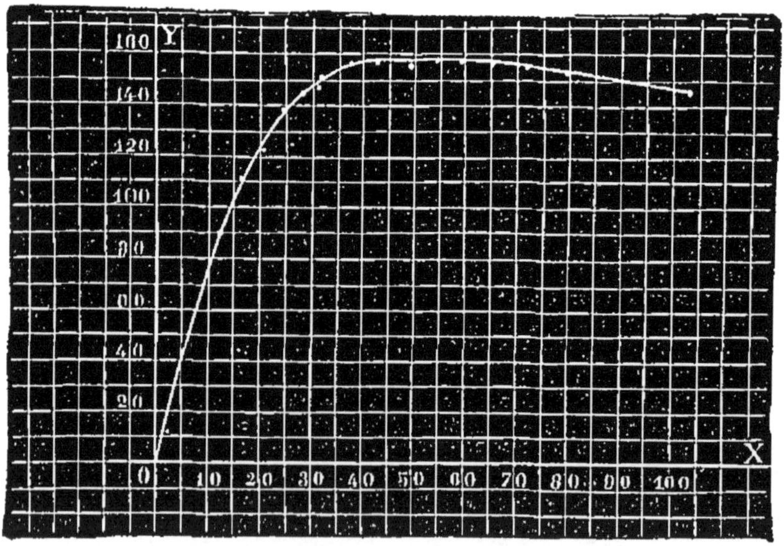

Poids de la machine, 711^{kg}.

Résistance inducteurs.......... 0,347
»   induit.............. 0,157
____
»   totale............. 0,504

Caractéristique de la machine Marcel Deprez à inducteurs renforcés à la vitesse de 2320 tours (*fig.* 52).

Fig. 52.

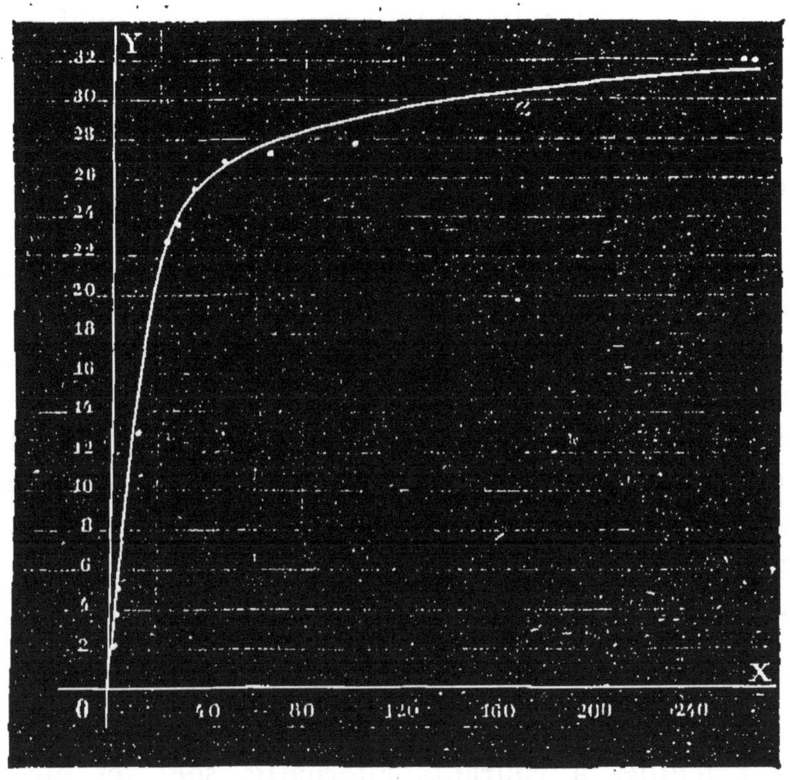

Résistance inducteurs.......... 0,044
   »   induit............... 0,04
   »   totale.............. 0,084

Machines puissantes. — Il y a avantage, au point de vue de la puissance des machines, à prendre des inducteurs gros et massifs; mais il y a aussi intérêt à augmenter toutes les dimensions, car 1° le travail électrique total augmente proportionnellement à la cinquième puissance de ces dimensions; 2° le rendement est aussi plus grand; 3° et le prix augmente seulement en proportion inférieure au cube des dimensions.

Moteurs. — Il résulte de tout ce qui précède qu'il est important de donner aux machines électriques une rotation rapide et régulière.

Pour obtenir la régularité, il faut que le moteur soit lui-même doué de cette qualité. On rend la rotation rapide soit en employant des renvois de mouvement qui amplifient la vitesse du moteur, soit en actionnant directement la machine au moyen de l'arbre d'un moteur à grande vitesse; on se sert plutôt aujourd'hui de la deuxième solution, afin d'éviter les pertes de travail qu'entraînent toujours les organes intermédiaires et parce que les moteurs à grande vitesse ont une allure plus régulière; parmi les moteurs à très grande vitesse, citons les *turbines à vapeur*, ou turbomoteurs (Parsons, Laval), qui font jusqu'à 3000 tours par minute.

Machines à courants alternatifs.

Les machines à courants alternatifs sont les plus simples, car elles n'exigent pas de collecteurs. Si nous nous reportons, par exemple, à la *fig.* 38, nous voyons qu'une bobine *a*, qui se déplace dans le champ magnétique déterminé par les inducteurs A et B, est le siège d'une force électromotrice dont le sens se renverse lorsque ladite bobine traverse la ligne neutre; en reliant ses deux extrémités à deux bagues métalliques isolées montées sur l'axe de rotation, on recueille entre celles-ci, au moyen de frotteurs, un courant alternatif dont le sens change périodiquement, ici deux fois par tour. Le collecteur est remplacé par les deux bagues.

Machine Gramme. — Dans la machine Gramme à courants alternatifs (*fig.* 53), l'inducteur est au centre et se compose de quatre paires d'électro-aimants rayonnants, disposés de façon que les huit pôles soient alternés; l'anneau induit enveloppe ce système et porte huit bo-

Fig. 53.

bines. Pour permettre de recueillir facilement les courants, on maintient l'induit fixe et l'on rend l'inducteur mobile. Il faut toutefois encore deux bagues et deux frotteurs, mais, ici, pour amener dans les électros inducteurs le courant d'excitation.

Chaque bobine est soumise successivement à des champs magnétiques de noms contraires, et est parcourue par des courants qui changent de sens à chaque passage devant un électro. Les bobines sont associées entre elles de deux en deux, de façon que les courants de celles qui sont combinées ensemble soient de même sens à chaque instant. On peut les associer en quantité ou en tension, suivant l'effet à obtenir.

Autres dispositifs à induit fixe. — L'alternateur Labour comporte aussi un inducteur mobile formé de pôles radiaux; l'induit est formé d'un enroulement logé dans les trous d'une couronne de tôle.

L'induit de l'alternateur Patin se compose d'une série de bobines plates et est compris entre deux couronnes de fonte solidaires l'une de l'autre et mobiles, sur lesquelles sont réparties les bobines inductrices. Ce système inducteur, de grand rayon, est commandé directement par l'arbre du moteur et est utilisé comme volant.

Machine Siemens. — Dans la machine Siemens (*fig.* 54), deux couronnes parallèles en fonte portent chacune seize électros fixes, placés face à face, et à pôles alternés; entre elles tourne un plateau auquel sont fixées seize bobines induites, qui viennent passer en face des électros. C'est donc une machine à inducteur fixe et à induit mobile.

Les bobines sont groupées en quantité ou en tension, en vue du résultat à obtenir. On recueille les courants au moyen de frotteurs en contact avec des bagues isolées reliées aux extrémités des fils des bobines.

On peut combiner la machine excitatrice avec la machine génératrice de façon à n'en avoir plus qu'une seule; on obtient ainsi un ensemble moins lourd, moins encombrant et moins coûteux. Cette solution exige que les courants alternatifs produits par la machine soient rendus continus, ou, suivant l'expression consacrée, qu'ils soient *redressés,* avant d'être lancés dans le cir-

cuit inducteur. On y arrive au moyen d'un commutateur spécial, celui de Clarke, par exemple; c'est un
collecteur organisé de façon que les lames successives

Fig. 54.

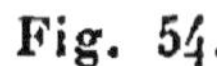

qui viennent en contact avec le même balai communiquent avec celles des bobines qui donnent, dans cette
position, des courants ayant toujours le même sens.

Machines à induit et à inducteur fixes. — Enfin, il
est encore possible de rendre l'induit et l'inducteur
fixes tous deux, en produisant les variations du champ

au moyen de pièces de fer mobiles. Il n'y a plus alors besoin de bagues, ni de frotteurs, soit pour recueillir les courants induits, soit pour fournir à l'inducteur le courant d'excitation.

La machine de Kingdon (*fig.* 55) est un exemple simple de cette solution. Un anneau de tôle porte les

Fig. 55.

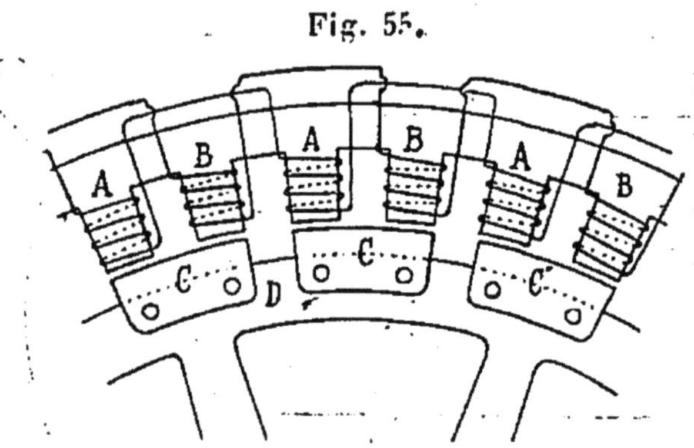

bobines inductrices A et les bobines induites B. Les bobines A sont excitées d'une façon permanente par le courant constant qui aimante leurs noyaux de fer. Un deuxième anneau D, muni de pièces de tôle C, tourne concentriquement au premier et fait mouvoir ces pièces mobiles qui reçoivent du noyau A et transmettent au noyau B une aimantation par influence variable à chaque instant, d'où force électromotrice induite dans la bobine B. Ainsi, dans la position indiquée sur la figure, le pôle inducteur A détermine dans la pièce mobile C un pôle de nom contraire en face de A et un pôle de même nom que A en face de B, qui reçoit alors un maximum d'aimantation. Puis, lorsque la pièce C se déplace vers la droite en s'éloignant de A, elle reçoit de A et communique à B une aimantation de plus en plus faible; un minimum a lieu lorsque le milieu de C se trouve en face de B. Le pôle inducteur qui suit donne une aimantation croissante au fur et à mesure que la pièce C s'en approche, et ainsi de suite. Il suffit donc de relier les extrémités des bobines B à des bornes fixes pour y recueillir un courant alternatif.

Une telle machine, dans laquelle les pôles inducteurs sont tous de même nom, est dite *unipolaire* (à pôles d'une seule espèce), ou encore *homopolaire* (à pôles semblables). Il existe aujourd'hui de nombreux dispositifs analogues, dans lesquels il n'y a de mobile qu'un système de pièces de fer. Ils présentent l'avantage de donner, grâce à la fixité des organes parcourus par les courants, une plus grande latitude et une plus grande facilité pour les enroulements de fils et pour l'isolement soigné que réclament les forces électromotrices élevées des transmissions à grande distance.

Toutes ces machines à courants alternatifs sont généralement disposées aujourd'hui de façon à produire des courants polyphasés.

Courants polyphasés. — Nous voyons sur la *fig.* 38 que, si nous recueillons séparément, au moyen de bagues et de frotteurs, les courants développés dans chacune des bobines, ces différents courants ne présenteront pas au même instant la même force électromotrice, puisque ces bobines se trouvent dans des situations différentes par rapport au champ. Autrement dit, ces forces électromotrices sont au même instant dans des *phases* différentes, et les courants lancés à cet instant dans des circuits identiques fermés sur chaque bobine sont *polyphasés* (à plusieurs phases). Par exemple, dans la situation de la *fig.* 38, la force électromotrice de la bobine *a* passe par un maximum avec un certain sens, tandis que la force électromotrice de la bobine placée sur un diamètre perpendiculaire s'annule; comme le temps employé pour passer de la première position à la deuxième est là d'un quart de la *période* (temps nécessaire pour que la rotation ramène la même valeur de la force électromotrice avec le même signe), on dit que la force électromotrice de la deuxième bobine est *décalée d'un quart de période* par rapport à la première, et que les deux courants correspondants sont *diphasés* (à deux phases différentes).

On pourrait aussi disposer trois bobines, dont les milieux seraient distants, deux à deux, d'un tiers de la circonférence de l'anneau; les trois forces électromotrices seraient alors *décalées* entre elles *d'un tiers de période,* et les courants correspondants seraient *triphasés* (à trois phases). Et ainsi de suite.

Les courants diphasés et triphasés sont employés dans un grand nombre d'installations nouvelles, en raison de la solution commode qu'ils apportent au problème du transport et de la distribution de l'énergie. Nous les retrouverons dans les Chapitres IX, X et XIII.

Le système des courants triphasés présente une propriété remarquable. En effet, au lieu des six fils qui semblent nécessaires pour la ligne, il suffit d'en prendre trois avec l'une des deux dispositions suivantes.

Représentons en A, B, C [*fig.* 56 (¹)] les trois sources de courants triphasés, et en aa', bb', cc' leurs bornes. Relions en un point P les fils qui viennent des bornes a', b', c' où existent des potentiels décalés d'un

---

(¹) Les *fig.* 56 et 57 sont extraites des *Premiers principes d'Électricité industrielle,* par Paul JANET. 3ᵉ édition. In-8; 1899 (Paris, Gauthier-Villars).

tiers de période; le potentiel commun en ce point devient nul si P est mis en communication avec la terre. Les trois fils de ligne sont attachés aux bornes a, b, c, dont

Fig. 56.

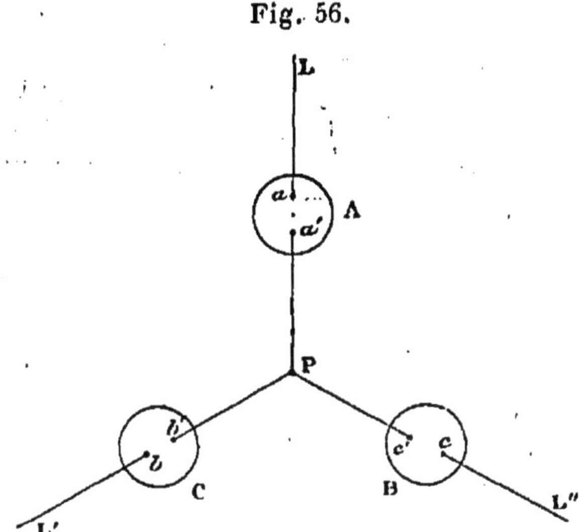

les potentiels sont aussi décalés entre eux d'un tiers de période. C'est ce qu'on appelle le montage en *étoile*.

Fig. 57.

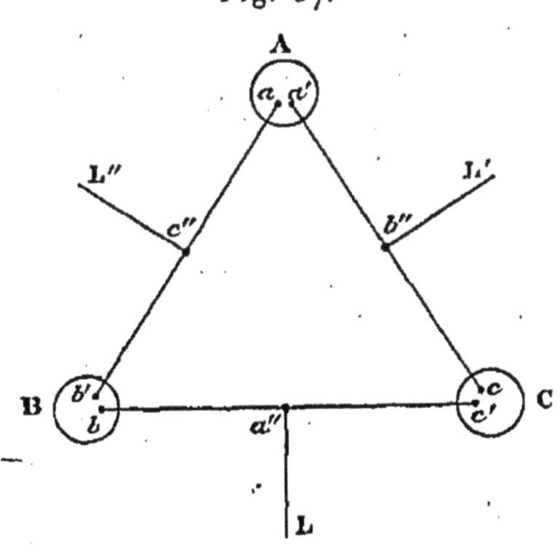

On peut aussi (*fig.* 57) relier a avec b', b avec c', *c* avec *a'*, et attacher les fils de ligne dans ces intervalles en *a''*, *b''*, *c''*. On démontre et l'on constate que les trois forces électromotrices développées aux sommets de ce triangle se font équilibre à chaque instant dans le circuit formé par les trois côtés et, n'y produisent aucun courant lorsque les circuits des lignes qui s'y branchent ne sont par fermés. C'est le montage en *triangle*.

La *fig.* 58 ([1]) donne le principe d'une machine à

Fig. 58.

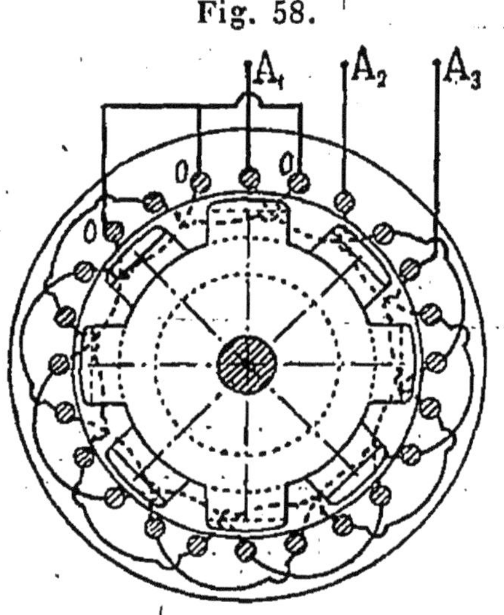

courant triphasé qui a été construite par les ateliers d'OErlikon (Suisse) en 1891 pour montrer la possibilité du transport de la force à grande distance par les courants alternatifs; ce transport s'effectuait entre Lauffen et l'Exposition de Francfort, à une distance de 175^{km}. L'inducteur, à épanouissements polaires, est mobile à l'intérieur de l'induit, qui est fixe; cet induit est formé de bobines, ou plutôt de barres de cuivre, trois fois

---

([1]) Les *fig.* 55, 58, 59, 61 et 62 sont extraites de la *Distribution de l'énergie par courants polyphasés*, par RODET. In-8; 1898 (Paris, Gauthier-Villars).

Fig. 59.

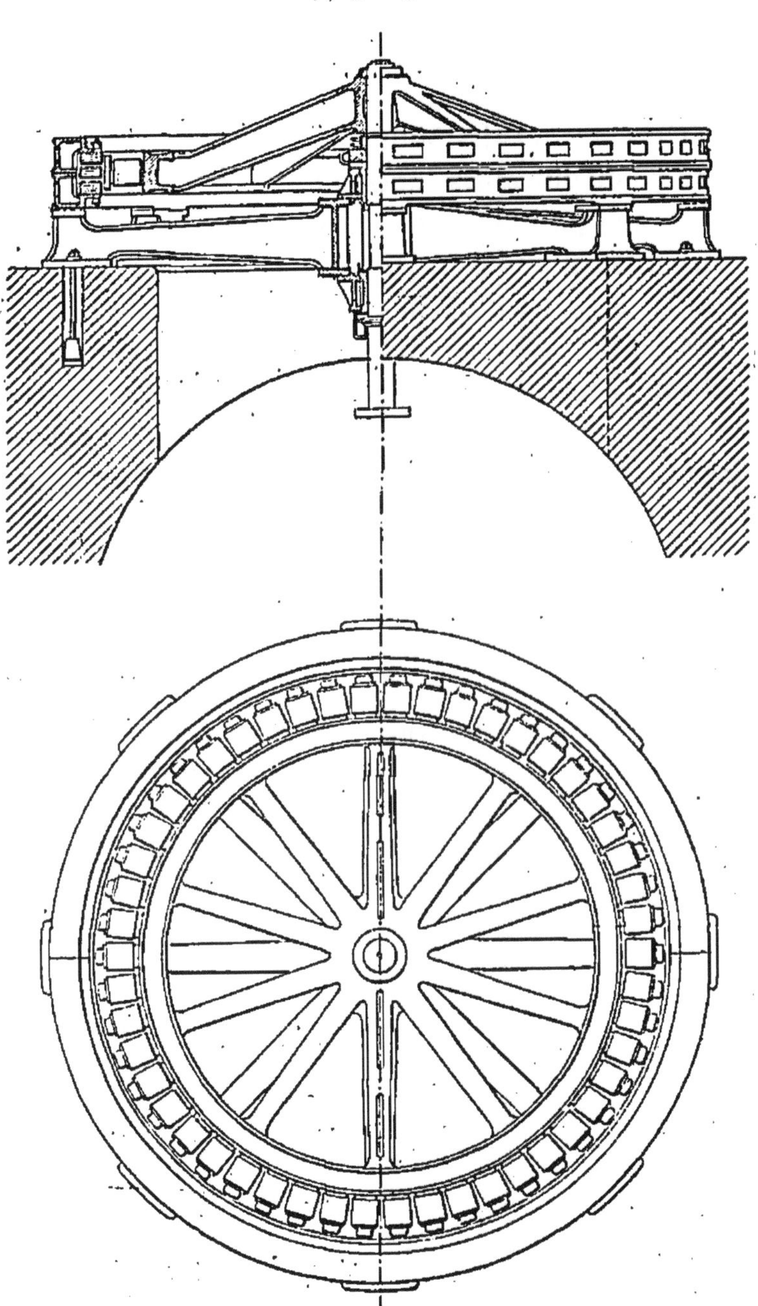

plus nombreuses que les pôles inducteurs, et disposées dans des trous pratiqués dans une couronne de tôle. Ceux des éléments induits qui se trouvent à chaque instant dans la même situation par rapport aux pôles inducteurs sont reliés entre eux en tension; comme il y a trois éléments induits pour chaque pôle inducteur, on a ainsi trois circuits distincts, dont les extrémités sont, d'une part, aux points O, O, O, que l'on fait communiquer entre eux deux à deux par le montage en étoile; d'autre part, en A_1, A_2, A_3, d'où partent les fils de ligne.

La *fig*. 59 montre une disposition récente de ce type de machine, genre Brown, appliquée dans l'usine génératrice de Cusset par la Société lyonnaise des forces motrices du Rhône. L'inducteur est monté directement sur l'axe vertical de la turbine; il se compose d'une couronne de fonte sur laquelle sont vissés cinquante noyaux d'acier; les spires des bobines sont constituées par un ruban de cuivre, dans lequel le courant excitateur est amené au moyen de deux bagues calées sur l'arbre. Les éléments de l'induit sont à enroulement en tambour et sont logés dans des trous pratiqués dans la tôle de la couronne extérieure; ces éléments sont au nombre de cent cinquante, à raison de trois pour chaque pôle inducteur.

Production de courants polyphasés au moyen de machines à courant alternatif simple. — On applique aujourd'hui aux machines à courants alternatifs les principes précédents de manière à leur faire fournir directement des courants polyphasés. Mais il existe d'autres solutions qui permettent d'utiliser les machines à courant alternatif simple, et qui sont antérieures au point de vue historique.

On peut d'abord monter sur le même arbre deux alternateurs identiques, en décalant les deux forces électromotrices d'un quart de période ; on obtient alors un courant diphasé.

On peut aussi utiliser les phénomènes produits par un condensateur ou par une bobine de self-induction sur une dérivation du courant d'un alternateur simple. On sait, en effet, qu'un condensateur intercalé dans un conducteur a la propriété d'avancer la phase de l'intensité par rapport à celle de la force électromotrice, tandis que la self-induction, ou inductance, produit l'effet contraire ; dans les deux cas, l'intensité est *décalée* par rapport à la force électromotrice, en avance avec un condensateur, en retard avec une inductance. Les combinaisons que permettent ces deux organes donnent le moyen d'obtenir des courants diphasés, sur certains points de la canalisation en partant d'un alternateur simple.

Effets secondaires dans les machines. — Résumons les effets secondaires qui se développent dans les machines génératrices, à courants continus et alternatifs, et qui sont de nature à diminuer le rendement : échauffement des fils inducteurs et induits ; courants de Foucault dans les pièces de fer, réactions d'induit, hystérésis. Les causes en ont été étudiées dans les Chapitres précédents. Dans les machines bien construites, le rendement atteint 95 pour 100.

CHAPITRE IX.

MOTEURS ÉLECTRIQUES. — TRANSPORT DE FORCE.

Moteurs électriques.

Si, au lieu d'employer une machine électrique comme génératrice de courant, on y fait passer le courant venant d'une autre source, dans des conditions convenables, les attractions et répulsions développées suivant les lois de l'électromagnétisme (Chap. IV) ont pour effet de déterminer la rotation de la partie mobile, induit ou inducteur, et de transformer l'énergie électrique en travail mécanique. La machine qui sert ainsi de *récepteur* au courant est un *moteur électrique*.

Le sens du mouvement est conforme à la loi de Lenz : il est de sens contraire à celui qu'il faudrait donner à la machine pour produire un courant de même sens que celui qui lui est fourni.

Supposons, par exemple, que, en faisant tourner une machine dans un certain sens, elle engendre un courant de A vers B (*fig.* 60), dans le circuit extérieur; si l'on supprime la force mécanique qui agit sur la machine et qu'on intercale dans le circuit extérieur une source S d'électricité, disposée de façon à faire passer dans le circuit et dans la machine un courant de même sens que précédemment, la machine prend un mouvement en sens contraire du premier.

Il résulte de ce changement de sens dans la rotation de la machine une production de force électromotrice

Fig. 60.

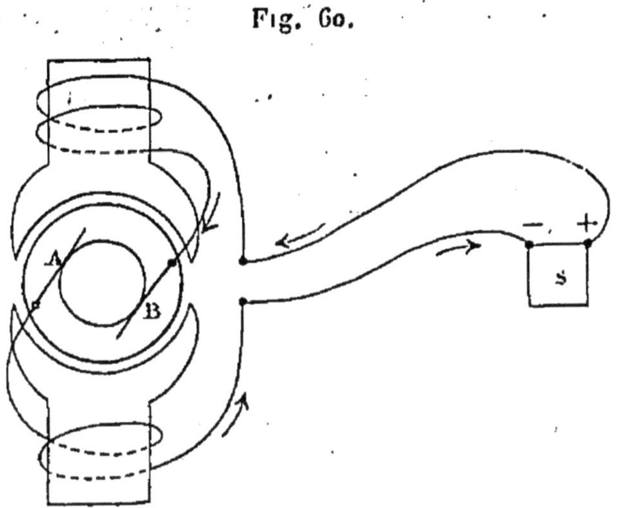

de sens contraire à celle qui est développée dans la source; cette force de sens contraire est dite *contre-électromotrice*.

Courants continus. — Ce qui précède suffit pour faire comprendre le fonctionnement des moteurs alimentés par un courant continu; ce sont des machines génératrices réversibles. On trouvera dans chaque cas le sens de la rotation en appliquant la loi de Lenz.

Courants polyphasés. Champs tournants. — Supposons (*fig.* 61) que les trois fils de ligne venant d'une machine à courants triphasés (Chap. VIII) aboutissent en i_1, i_2, i_3 à trois enroulements disposés sur un anneau de fer doux et montés en étoile comme l'indique la figure. Les trois courants qui arrivent de la machine triphasée sont décalés d'un tiers de période l'un par rapport à l'autre; chacune des trois parties de l'anneau va être le siège d'un champ magnétique dont la variation sera périodique et suivra les variations du courant correspondant; et ces variations du champ se reproduiront

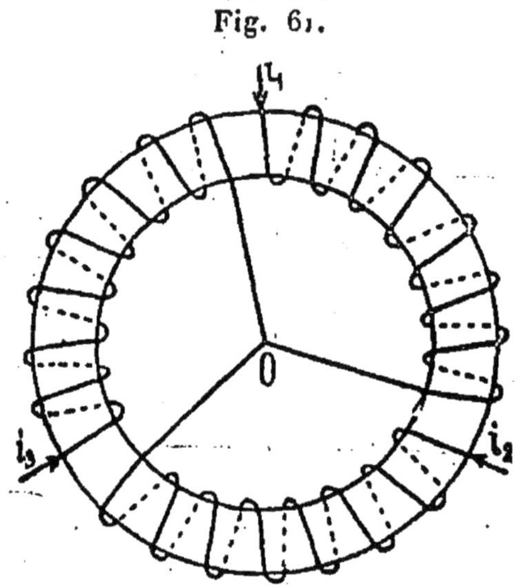

Fig. 61.

successivement dans les trois parties de l'anneau à un intervalle d'un tiers de période. Par exemple, si nous comptons les temps à partir du moment où le champ produit par le courant i_1 passe par son maximum, et si nous désignons par T la durée de la période commune aux trois courants, le maximum du champ produit par le courant i_2 aura lieu au bout du temps $\frac{T}{3}$, et le maximum du champ produit par le courant i_3, au bout du temps $\frac{2T}{3}$. On retrouvera le maximum suivant du champ dû au courant i_1 au bout du temps $\frac{3T}{3}$ ou T, et ainsi de suite. De telle sorte que le champ *tourne* dans le sens $i_1 i_2 i_3$.

En prenant le montage en triangle (*fig.* 62) pour les

Fig. 62.

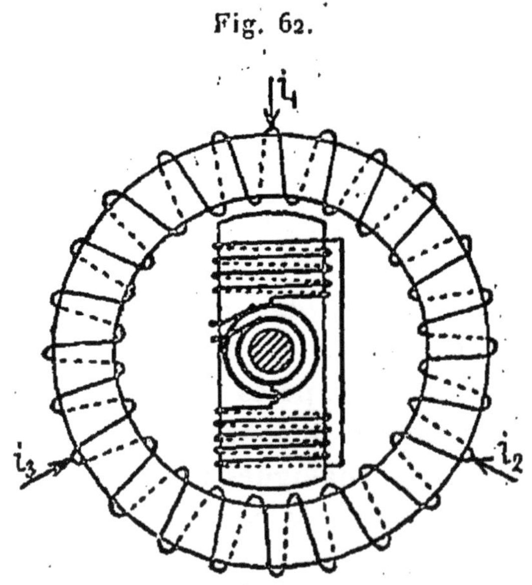

trois enroulements de l'anneau, les trois courants arriveraient en i_1, i_2, i_3, et le champ serait encore tournant.

Moteurs synchrones. — Plaçons maintenant à l'intérieur de l'anneau fixe une pièce de fer doux mobile autour du centre de l'anneau et pourvue d'un enroulement dont les extrémités sont reliées à deux bagues isolées et à deux frotteurs. Le champ tournant exerce un effort mécanique sur ce fer doux et tend à l'entraîner dans sa rotation. En fermant l'enroulement sur lui-même, ou en y faisant passer un courant continu par l'intermédiaire des deux frotteurs, on donne à chaque extrémité du fer doux une polarité constante qui rend l'entraînement plus régulier et qui tend à maintenir les pôles de la pièce mobile à distance constante du maximum tournant du champ.

Dans ces conditions, le moteur fait un tour complet pendant une période du courant-triphasé qu'il reçoit; autrement dit, le moteur est *synchrone* par rapport au courant qui le met en action, et, par suite, par rapport à la génératrice.

Ces considérations s'appliquent à un courant polyphasé quelconque. La pièce mobile, au lieu de présenter seulement deux pôles qui ne laissent passer qu'un seul système de lignes de force, ou, suivant l'expression technique, qu'une seule *onde magnétique*, peut être formée de plusieurs branches; chacun de ces pôles tend à se maintenir en face des pôles tournants du champ.

Les moteurs synchrones sont susceptibles de nombreuses combinaisons, analogues à celles qui constituent les machines génératrices de courants alternatifs polyphasés, et dans lesquelles la partie mise en mouvement est formée soit par la pièce qui reçoit les courants de ligne, soit par l'armature intérieure de l'exemple précédent.

Il y a intérêt à constituer ici en fer massif et non feuilleté la pièce mobile sur laquelle s'exerce l'action du champ tournant, afin que les courants induits de Foucault puissent s'y développer librement au moment de la mise en marche; la réaction mécanique de ces courants sur le champ contribue au démarrage. Pour que la pièce mobile puisse se mettre rapidement au régime de vitesse invariable fixé par la rotation du champ, on fait d'abord tourner le moteur à vide jusqu'à ce qu'il ait atteint le synchronisme; puis on établit le courant d'excitation destiné à maintenir et à régulariser l'entraînement; enfin, on charge le moteur.

Moteurs asynchrones. — Remplaçons dans la *fig.* 62

précédente la pièce mobile par un cylindre, également
en fer, sur lequel sont enroulées des bobines dans des
plans passant par l'axe du cylindre, et fermons chaque
bobine en court-circuit sur elle-même en soudant ses
deux extrémités. Le champ tournant produit dans ces
bobines des courants induits, dont la réaction sur le
champ détermine la rotation du cylindre dans le sens
de la rotation du champ. Seulement, ici, il ne peut pas
se produire un entraînement complet comme dans les
moteurs synchrones, parce que chaque bobine serait
alors maintenue dans un champ d'intensité constante,
et les courants induits qui sont la cause du mouvement
n'existeraient plus. De là un ralentissement de la rotation des bobines par rapport à celle du champ; la pièce
mobile, qui est bien ici un *induit,* fait alors dans un
temps donné un nombre de tours moindre que le champ;
le moteur n'est plus synchrone par rapport au champ,
on dit qu'il est *asynchrone;* on l'appelle aussi *moteur
d'induction,* en raison de la cause qui produit son
mouvement.

L'induit peut être enroulé en anneau ou en tambour,
comme dans les machines génératrices, ou encore en
cage d'écureuil. Ce dernier dispositif consiste dans des
barres de cuivre logées dans des cannelures sur le
cylindre de fer doux et reliées deux à deux diamétrale-
ment de manière à former des systèmes en court-circuit.

Pour le démarrage, on peut simplement fermer le
moteur sur la ligne; mais ce procédé a l'inconvénient
d'apporter une modification brusque au régime de la
ligne et des organes qui y sont placés. Pour amortir
cet effet, on ajoute souvent une résistance sur les circuits de l'induit au moment du démarrage, de façon à
faire croître progressivement l'intensité induite jusqu'à

sa valeur normale par diminutions successives de la résistance additionnelle jusqu'à suppression complète pour la vitesse normale. On amène le courant induit dans le rhéostat au moyen de bagues et de frotteurs. On peut encore intercaler sur l'inducteur un rhéostat ou une bobine de self-induction, de façon à réduire l'intensité du courant inducteur et, par suite, celle du champ, au moment de la mise en marche. Dans d'autres dispositifs, on modifie, au démarrage, le mode d'association des éléments de l'induit, de manière à augmenter leur résistance au commencement et à diminuer celle-ci au fur et à mesure que la vitesse augmente.

Applications des moteurs électriques. — L'application la plus simple des moteurs électriques, et aussi la première en date, consiste à produire un travail mécanique en recevant dans une machine à courant continu le courant d'une pile placée à proximité. L'emploi des piles pour cet usage est souvent commode; mais il est limité à certaines applications particulières, plutôt scientifiques, qui ne nécessitent pas un fort travail et dans lesquelles la question de dépense est accessoire.

Les accumulateurs ne présentent pas ces inconvénients au même degré, parce qu'ils peuvent avoir une grande capacité d'emmagasinement et recevoir leur charge de machines électriques mises en mouvement par des forces peu coûteuses. En fait de travail mécanique, on les utilise le plus souvent, malgré leur poids encore élevé, pour alimenter des moteurs qui mettent en marche des véhicules sur lesquels accumulateurs et moteurs sont placés; tel est le cas de chemins de fer, tramways, voitures automobiles, bateaux, etc.

Comme cas particulier de la disposition du moteur et

de la source d'électricité sur le véhicule, il faut citer la locomotive électrique Heilmann; là, il n'y a pas d'accumulateurs comme intermédiaire; le véhicule porte une machine à vapeur qui actionne une machine électrique génératrice, dont le courant fait tourner des moteurs électriques; ceux-ci commandent directement les roues. L'électricité n'intervient là que pour changer la *qualité* de l'organe mécanique qui met les roues en mouvement. On substitue aux coups de piston alternatifs du moteur à vapeur la rotation continue des moteurs électriques, d'où suppression des mouvements de lacet, des trépidations, des causes de détérioration de la voie inhérentes à la locomotive ordinaire, et, par suite, possibilité de remorquer des trains lourds à plus grande vitesse.

Transport de la force. — Mais l'application la plus importante des moteurs électriques est relative à ce qu'on appelle le *transport de la force :* une force d'un emploi peu coûteux, telle que celle qui est produite par une chute d'eau, est utilisée sur place pour mettre en mouvement des machines électriques puissantes; le courant est amené à grande distance par des fils de ligne et distribué sur les régions d'utilisation à des moteurs électriques qui restituent le travail mécanique à des industries de toutes sortes.

Ce transport, qui entre dans une phase de développement prodigieux, s'est effectué d'abord avec des courants continus et sur des trajets de quelques kilomètres, jusqu'à ce que M. Marcel Deprez ait montré la possibilité d'aborder de grandes distances par ses expériences entre Miesbach et Munich (57^{km}) en 1882, entre Vizille et Grenoble (14^{km}) en 1883, entre Creil et la Gare du Nord (56^{km}) en 1886-1887. Il faut ajouter que l'on a dû surmonter de grandes difficultés dans la construction et l'isolement de machines dont la force électromotrice s'est élevée jusqu'à près de 6000 volts, et que l'on a été entraîné à de fortes dépenses pour l'établissement des machines et des conducteurs. Depuis, M. Fontaine s'est servi de machines Gramme ordinaires qu'il associait en tension pour obtenir une force électromotrice suffisante.

A l'Exposition de Francfort, en 1891, une installation en courant triphasé, établie par les ateliers d'OErlikon et par une maison de Berlin, a prouvé que les courants alternatifs, employés sous cette forme, permettaient de transporter l'énergie dans de bonnes conditions entre Lauffen et Francfort à une distance de 175^{km}. Depuis cette époque, l'emploi des courants polyphasés pour le transport de l'énergie à grande distance a pris une énorme extension; nous en citerons quelques exemples à propos de la distribution (Chap. XIII).

Au transport de force appartient encore le cas où le moteur électrique est disposé sur un véhicule mobile le long d'un conducteur qui lui amène le courant d'une génératrice fixe. Tels sont certains chemins de fer et tramways. Dans ces chemins de fer, le courant est amené généralement par un conducteur ou troisième rail isolé sur lequel frotte un balai porté par la voiture, et le courant passe ensuite dans les rails de la voie. Dans les tramways, le moyen le plus simple et le plus économique consiste à disposer un fil aérien sur lequel frotte un contact porté par la voiture; le courant revient par les rails; ce contact est formé soit par une roulette (trolley), d'origine américaine, soit par un archet, tige métallique en aluminium ou en métal blanc, qui frotte au-dessous du fil et qui, employé en Allemagne, donne, paraît-il, de bons résultats. On peut encore, mais avec une dépense plus forte, abriter le conducteur dans un caniveau souterrain. Enfin, dans certains systèmes, on dispose sous la chaussée un petit conduit renfermant le conducteur isolé qui amène le courant; au-dessus, et non en contact avec ce fil, sont des bouts de rail ou des blocs métalliques sur lesquels frottent de distance en distance les contacts portés par les voitures; la communication est établie entre le fil et ces blocs, seulement au passage des voitures, par des pièces mobiles que des électro-aimants placés sous les voitures actionnent lorsqu'ils se trouvent au-dessus; on peut se servir d'accumulateurs en dérivation pour régulariser le courant qui est interrompu dans l'intervalle d'un bloc à un autre.

Formules relatives à l'emploi des courants continus pour l'alimentation des moteurs électriques. Travail total. Travail utile. Rendement. — Soient

E la force électromotrice intérieure de la source *génératrice* du courant, que celle-ci soit constituée par une pile ou par une machine;

R la résistance totale, comprenant la résistance de la ligne et les résistances intérieures de la génératrice et de la machine employée comme moteur et appelée *réceptrice;*

I l'intensité du courant dépendant des forces électromotrice et contre-électromotrice;

T_m le travail électrique moteur, c'est-à-dire le travail électrique utile qui est transformé en travail mécanique par la réceptrice.

Le travail électrique total EI est la somme des travaux qui se produisent dans le circuit, à savoir : travail calorifique RI^2 et travail utile T_m.

On a donc

$$EI = RI^2 + T_m.$$

Si la réceptrice est maintenue au repos, ou *calée,* suivant l'expression consacrée, T_m est nul, et la relation précédente se réduit à $E = RI$, loi de Ohm.

Soit $I_0 = \dfrac{E}{R}$ la valeur de l'intensité pour laquelle le travail T_m est nul. Si on laisse la réceptrice prendre librement son mouvement de rotation, l'intensité est donnée par la relation établie plus haut ; d'où l'on tire

$$I = \frac{E}{2R} \pm \sqrt{\frac{E^2}{4R^2} - \frac{T_m}{R}} = \frac{I_0}{2} \pm \sqrt{\frac{E^2}{4R^2} - \frac{T_m}{R}}.$$

Comme la quantité placée sous le radical doit être positive, on voit que T_m a un maximum, dont la valeur est

$$T_m = \frac{E^2}{4R}.$$

Pour cette valeur maximum du travail utile, on a

$$I = \frac{I_0}{2};$$

donc, pour se placer dans le cas du travail utile maximum, correspondant à une valeur donnée de la force électromotrice et de la résistance totales, il suffit de caler la réceptrice, de mesurer l'intensité I_0, puis de rendre à la réceptrice sa liberté de mouvement en faisant varier le travail mécanique qu'elle produit jusqu'à ce que l'intensité du courant soit diminuée de moitié ; à ce moment, le travail utile est maximum, dans les conditions de force électromotrice et de résistance où l'on est placé.

Le *rendement électrique,* c'est-à-dire le *rapport du*

travail électrique utile au travail électrique total, a
pour valeur

$$\frac{T_m}{EI} = 1 - \frac{RI}{E}.$$

On voit que le rendement et le travail utile sont des
expressions toutes différentes.

Si l'on remplace, dans le rendement, I par la valeur $\frac{E}{2R}$,
qui correspond au maximum du travail utile, le rendement devient égal à $\frac{1}{2}$.

Si l'on diminue le travail utile jusqu'à la limite o, qui
est atteinte pour une intensité nulle, le rendement s'élève
jusqu'à 1; à ce moment, le travail total, le travail utile
et l'intensité sont réduits à la valeur limite o.

L'expression que nous venons de donner du rendement
montre qu'il augmente lorsque l'intensité diminue, le
rapport $\frac{E}{R}$ restant constant; donc, dans l'expression

$$I = \frac{I_0}{2} \pm \sqrt{\frac{E^2}{4R^2} - \frac{T_m}{R}},$$

il y a avantage à prendre la plus petite des deux valeurs
qui correspondent à chaque valeur de T_m, c'est-à-dire
le radical avec le signe — :

$$I = \frac{I_0}{2} - \sqrt{\frac{E^2}{4R^2} - \frac{T_m}{R}}.$$

Reprenons la relation

$$EI = RI^2 + T_m;$$

T_m, représentant un travail électrique, peut se mettre
sous la forme du produit de l'intensité I par une différence de potentiel e. On a alors

$$EI = RI^2 + eI$$

et

$$(E - e)I = RI^2.$$

Cette force électromotrice négative e n'est autre que la force contre-électromotrice dont nous avons établi l'existence.

On en déduit

$$I = \frac{E - e}{R},$$

$$T_m = eI = \frac{e(E - e)}{R},$$

$$EI = \frac{E(E - e)}{R},$$

$$\frac{T_m}{EI} = \frac{e}{E}.$$

Les expressions du travail utile T_m et du rendement permettent de calculer E et e lorsqu'on se donne :

1° Le travail moteur qu'on veut recueillir ;

2° Le travail auquel on consent ;

3° La résistance totale.

Conséquences. — On voit, d'après les relations ci-dessus, que :

1° Le travail utile et le travail total diminuent lorsque la distance augmente ;

2° Le maximum du travail utile a lieu pour $e = \dfrac{E}{2}$;

3° Le maximum du rendement a lieu pour $e = E$; le travail utile, le travail total et l'intensité sont alors nuls ;

4° Le rendement ne dépend que du rapport $\dfrac{e}{E}$ et est indépendant de la distance ; il peut s'exprimer aussi par le rapport des vitesses, puisque celles-ci sont proportionnelles aux forces électromotrices.

5° Pour que le travail utile et le travail total restent constants, il faut que la force électromotrice totale E et la force contre-électromotrice e varient proportionnellement à la racine carrée de la résistance R.

On voit encore ici la différence essentielle qui existe entre le travail utile et le rendement. En effet, le rendement est indépendant de la distance, tandis que le travail utile diminue lorsqu'elle augmente; cela tient à ce que le travail total produit par la génératrice diminue aussi, et dans la même proportion, lorsque la distance augmente. Pour conserver la même valeur du travail utile et du travail total, il faut augmenter les forces électromotrice et contre-électromotrice proportionnellement à la racine carrée de la résistance.

Cette augmentation de force électromotrice s'obtient en augmentant la vitesse des machines, en enroulant sur les inducteurs et les induits une plus grande longueur de fil plus fin et en augmentant l'intensité du champ magnétique, c'est-à-dire en prenant des inducteurs plus puissants. Mais toutes ces augmentations ont des limites qu'on ne saurait dépasser; d'ailleurs les forces électromotrices de plusieurs milliers de volts, auxquelles on arrive ainsi, ne sont pas sans inconvénients; elles exigent des isolements extrêmement soignés, au point de vue de la conservation des machines, et de grandes précautions pour la manipulation.

On est alors amené à considérer une autre solution, pour conserver les mêmes valeurs du travail utile et du travail total; elle consiste à ne pas augmenter la résistance avec la distance, c'est-à-dire à prendre des conducteurs d'une plus grande section. Mais cette solution présente un très grave inconvénient, celui de coûter fort cher, d'autant plus que la ligne est plus longue, puisque, lorsqu'on augmente la longueur, il faut en même temps augmenter la section pour conserver la même résistance.

Il semble donc que, au point de vue économique, on doit se résoudre à l'emploi de forces électromotrices élevées, en s'entourant des précautions nécessaires.

Le bronze silicieux ou phosphoreux est appelé à rendre d'importants services dans cette voie, à cause de sa grande résistance à la traction, qui permet des portées de plusieurs centaines de mètres en lignes aériennes, et de sa haute conductibilité.

Influence des dérivations. — Dans toute cette étude, il n'a été tenu aucun compte des déperditions que subit le courant entre la génératrice et la réceptrice par le fait des dérivations qui peuvent s'établir par les supports entre le conducteur d'aller et celui de retour ou avec la terre : c'est en les négligeant que M. Marcel Deprez est arrivé à trouver que le rendement est indépendant de la distance, comme nous l'avons vu. Mais, si l'on tient compte de ces dérivations, on a pour le travail total EI, et pour le travail utile ei, i, intensité dans la réceptrice, étant plus petit que I, intensité dans la génératrice, à cause des dérivations qui ont lieu dans le trajet.

Le rendement est alors $\dfrac{ei}{EI}$, valeur plus petite que $\dfrac{e}{E}$.

On se rend compte de la valeur de ces dérivations en mesurant, au même instant, l'intensité I au point où la ligne sort de la génératrice, et l'intensité i au point où elle arrive à la réceptrice. Pour une ligne de 14^{km} (expérience de Grenoble), on a trouvé pour cette perte un maximum inférieur à 7 pour 100.

Rendement mécanique. — Nous n'avons envisagé

jusqu'ici le rendement et les travaux utile et total qu'au point de vue électrique ; mais, dans la pratique, ce qu'on a intérêt à considérer, dans les questions de transport de force, c'est : le *travail mécanique total* transformé en électricité par la génératrice, le *travail mécanique utile* fourni par la réceptrice, c'est-à-dire réellement transporté, et le *rendement mécanique,* qui est le rapport du travail utile au travail total.

Comme les transformations de travail mécanique en travail électrique par la génératrice, et inversement par la réceptrice, causent une certaine perte dépendant du rendement propre des machines employées, le travail total mécanique est plus grand que le travail total électrique, le travail mécanique utile plus petit que le travail électrique utile, et le rendement mécanique, par suite, plus petit que le rendement électrique.

Il en résulte aussi que le travail mécanique utile a un maximum inférieur à celui du travail électrique utile. La distinction que nous avons faite au point de vue électrique entre le travail utile et le rendement subsiste intégralement au point de vue mécanique. Dans chaque cas, on choisira entre les conditions les plus favorables de travail utile ou de rendement. Si l'on se préoccupe peu du rendement, par exemple lorsqu'on a à transporter une force d'une faible dépense, comme celle qui est produite par une chute d'eau, on cherchera à rendre le travail utile maximum ; si la force à transporter coûte plus cher, il y aura intérêt à obtenir un rendement plus élevé, en diminuant à la fois le travail utile et le travail total.

Exemple tiré des expériences de M. Marcel Deprez. — La génératrice était placée à Creil, la réceptrice à la gare du Nord. Distance : 56^{km}. Voici le résultat d'une expérience faite le 4 mars 1886 :

Travail mécanique fourni à la génératrice...............................	102^{ch}
Vitesse de la génératrice..........	208^{tours}
Différence de potentiel aux bornes.	5977^{volts}
Intensité au départ	$33^{amp},2$
Vitesse de la réceptrice...........	280^{tours}
Différence de potentiel aux bornes.	5020^{volts}
Intensité à l'arrivée	32^{amp}
Travail mécanique utile produit...	45^{ch}
Rendement mécanique pour 100...	44

Considérations relatives aux courants alternatifs. — Si l'on substitue les courants alternatifs aux courants continus, on peut encore appliquer les formules précédentes à la condition que l'on considère seulement ce qui se passe à un moment donné, pendant un très court intervalle de temps, et que les résistances qui entrent dans les formules ne comportent pas de bobines; dans ce cas, il faudrait tenir compte de la self-induction, qui agit, comme nous l'avons vu (Chap. V), dans le même sens qu'une augmentation de résistance. La combinaison de la résistance ohmique et de la self-induction ou réactance constitue ce qu'on appelle l'*impédance* (empêchement au courant). On devra se rappeler aussi que, lorsqu'il y a réactance dans un conducteur, l'intensité prend un retard sur la force électromotrice et est décalée par rapport à cette dernière; si la réactance est très faible, ce qui a lieu pour un conducteur rectiligne, dont les éléments successifs s'influencent très peu réciproquement, l'impédance est égale à la résistance ordinaire, et l'intensité est en correspondance de phase avec la force électromotrice; si la réactance est très grande, et la résistance faible, l'impédance est beaucoup plus grande que la résistance ordinaire, et l'intensité est décalée de près d'un quart de période sur la force électromotrice; dans ce dernier cas, on dit que le courant est *déwatté*, car il ne demande pratiquement pas de puissance représentée par les watts (Chap. VI).

Les courants alternatifs présentent l'avantage de pouvoir s'adapter très facilement au transport et à la distribution de l'énergie par l'intermédiaire des transformateurs que nous étudions dans le Chapitre suivant.

CHAPITRE X.

TRANSFORMATEURS. — ACCUMULATEURS.

Transformateurs.

La discussion du Chapitre précédent a mis en évidence la nécessité de réduire l'intensité du courant de ligne dans les transports de l'énergie à grande distance, afin de diminuer le plus possible le produit RI^2 duquel dépend la perte due à l'échauffement du conducteur. Par conséquent, si l'on veut conserver une certaine valeur à l'énergie transportée, qui dépend du produit EI, il faut compenser dans la ligne la réduction de l'intensité I par une augmentation de la force électromotrice E; autrement dit, il faut *transformer* le courant produit par la génératrice de façon à diminuer I et à augmenter E en laissant le produit sensiblement le même, à part les pertes inévitables de la transformation. Cette modification est possible avec les courants continus, par exemple au moyen de moteurs électriques qui, recevant le courant de la source, actionnent des machines ayant l'intensité et la force électromotrice voulues, etc.; mais les courants alternatifs s'y prêtent beaucoup mieux par leur utilisation directe à la production de courants induits dans des appareils où tout est fixe, qui ne demandent pas de surveillance et d'entretien, que l'on peut sous-

traire aux dangers de manipulation, et qui sont susceptibles d'un rendement élevé. On a ainsi toute facilité
pour adapter le courant, non seulement à la ligne au
lieu de départ, mais encore aux organes d'utilisation,
au lieu d'arrivée, par une transformation inverse qui
abaisse la force électromotrice au-dessous de la valeur
dangereuse pour la manipulation, et qui augmente l'intensité.

Transformateurs de courants alternatifs. — L'appareil le plus simple de ce genre est la *bobine d'induction :*
un noyau de fer est entouré d'un premier circuit, dit
primaire, qui est parcouru par le courant à transformer ; autour est enroulé un deuxième circuit, dit *secondaire,* dans lequel se développent les courants induits à
recueillir. Pour élever la force électromotrice, on forme
le primaire d'un fil gros et peu résistant, capable de
laisser passer une forte intensité, et le secondaire d'un
fil fin, de façon à pouvoir en enrouler une grande longueur à petite distance du noyau. Le champ variable
est produit par les variations d'intensité du courant primaire et par les variations magnétiques qui en résultent
pour le noyau de fer doux ; la force électromotrice du
secondaire est proportionnelle à la longueur du fil induit
plongée dans le champ. Pour augmenter la rapidité des
aimantations et désaimantations du noyau, et pour supprimer les courants de Foucault, on forme ordinairement ce noyau au moyen d'un faisceau de fils de fer
doux isolés. Dans ce transformateur, les lignes de force
ne se ferment pas à l'intérieur du fer ; il est donc à circuit magnétique *ouvert.* Le rendement n'en est pas très
élevé, par suite de cette résistance opposée par l'air au
flux magnétique ; aussi ne l'emploie-t-on pas pour les

forts courants industriels. Nous le retrouverons dans le Chapitre XV.

Le transformateur Gaulard et Gibbs, l'un des premiers construits au point de vue industriel, se compose de deux hélices plates juxtaposées et isolées par des hélices en papier paraffiné; l'armature est formée de fils de fer doux, isolés les uns des autres. L'une des hélices est parcourue par le courant inducteur; l'autre est induite. Dans chacune des hélices, les spires sont sectionnées et peuvent être associées en dérivation ou en tension, d'où possibilité de transformer le courant primaire d'un grand nombre de façons.

Prenons, par exemple, six groupes de spires, et supposons que, les spires primaires étant reliées en tension, le courant qui les traverse ait une intensité de 10 ampères, avec une différence de potentiel de 120 volts, soit une différence de potentiel de 20 volts pour chaque fraction de l'hélice. Le rendement de la transformation, c'est-à-dire le rapport du travail électrique produit dans le circuit secondaire au travail absorbé dans l'hélice inductrice, est de 95 pour 100 environ. Il y aura donc dans chacune des six sections de l'hélice secondaire, supposée identique à l'hélice primaire, une différence de potentiel de près de 20 volts avec une intensité de près de 10 ampères; en associant ces sections en tension, on aura à peu près 120 volts et 10 ampères dans l'hélice secondaire; en les reliant en quantité, on aura 20 volts et 60 ampères.

On comprend que, en groupant de façons différentes les sections des hélices, on puisse faire varier dans des limites étendues la force électromotrice et l'intensité des courants secondaires, avec cette condition que le travail produit dans le circuit secondaire sera égal à 0,95 du travail absorbé par l'hélice primaire.

Le transformateur Zipernowski-Déri-Blathy n'est autre chose qu'un anneau Gramme, dont les bobines successives sont alternativement inductrices et induites. Il est donc à circuit magnétique fermé. On obtient avec cette disposition les mêmes résultats qu'avec le système précédent.

Les transformateurs peuvent s'appliquer séparément à chacun des courants dont est formé un système polyphasé. Par exemple, avec un courant triphasé, on peut prendre trois transformateurs identiques, qui produisent la même modification de force électromotrice et d'intensité sur les courants lancés dans les trois fils. Pour une faible puissance, on groupe les trois transformateurs en un même appareil; on prend, par exemple, trois noyaux de fer parallèles, réunis à leurs extrémités par deux couronnes de fer, et l'on monte sur chaque noyau un enroulement primaire et un enroulement secondaire; les trois enroulements primaires sont associés en triangle ou en étoile; de même pour les trois secondaires.

Les forces électromotrices élevées, qui vont à 15000 volts et au delà, développées dans ces appareils pour le transport à grande distance, exigent des isolements extrêmement soignés, que l'on obtient par l'air sec et certains vernis, et surtout par des bains d'huile.

Les transformateurs puissants sont le siège d'une production de chaleur considérable, qui provient du passage des courants dans les fils et des travaux moléculaires produits dans les noyaux de fer par les alternances magnétiques, l'hystérésis, les courants de Foucault. Pour empêcher une trop forte élévation de température, on établit un courant d'air ou d'huile.

Conversion d'un courant alternatif en continu. — La conversion d'un courant-alternatif en continu s'impose, en particulier, pour la charge des accumulateurs, dont l'emploi rend de grands services dans beaucoup d'installations.

On peut recevoir le courant polyphasé dans un moteur à champ tournant et actionner par celui-ci une machine à courant continu. C'est une solution générale, qui permet d'effectuer toute espèce de transformation et de conversion, et qui est souvent employée; si l'on compte un rendement de 90 pour 100 pour chacune des deux machines, le rendement définitif sera égal au produit, 81 pour 100.

On peut aussi réunir en une seule les deux machines, par exemple disposer sur l'anneau de fer doux d'une machine Gramme deux enroulements superposés : le premier, disposé comme il a été indiqué (Chap. IX) pour constituer un moteur synchrone, avec bagues et frotteurs; le second, organisé pour former une machine Gramme à courant continu (Chap. VIII) avec collecteur et balais. Le premier enroulement est mis en relation avec le courant polyphasé de la ligne, qui fait tourner l'anneau; le courant continu produit par la rotation dans le deuxième enroulement est recueilli sur les balais. Comme les deux enroulements ont la même vitesse et le même champ, on obtient ici moins d'indépendance entre les éléments du courant polyphasé et du courant continu que dans le dispositif précédent; seulement le rendement est un peu plus élevé.

Plus simplement encore, reprenons l'anneau de la machine Gramme avec son enroulement ordinaire pour courant continu, par exemple à deux pôles, et relions à deux bagues munies de deux frotteurs deux points de l'enroulement qui correspondent à un décalage d'une demi-période. Si nous y recevons un courant diphasé, après avoir disposé les balais à circuit ouvert, l'anneau se met en mouvement, et, lorsque le synchronisme est atteint, nous recueillons sur les balais un courant continu. De même pour un plus grand nombre de pôles inducteurs, en augmentant à proportion le nombre des prises sur l'anneau, ainsi que des bagues et frotteurs. Ce genre de convertisseur comporte un rendement élevé, allant jusqu'à 90 pour 100, et a reçu un certain nombre d'applications.

Citons enfin le dispositif à *balais tournants,* qui comporte un inducteur fixe à champ tournant, où est reçu le courant polyphasé, et, à l'intérieur, un induit à courant continu, également fixe. Tout se passe comme si l'induit tournait dans un champ fixe, à la manière ordinaire, à la condition que les balais suivent le champ; on recueille alors sur les balais mobiles un courant continu, par l'intermédiaire de bagues et de frotteurs. La rotation des balais est produite par un moteur synchrone.

Ces dispositifs permettent aussi d'obtenir, inversement, la conversion d'un courant continu en alternatif.

Bobine Ruhmkorff. — Un exemple très important de transformation de courant continu périodiquement interrompu en courant alternatif est représenté par la bobine Ruhmkorff, qui a pour but la production de décharges à haute tension, capables de donner des étincelles dont la longueur dans l'air atteint et dépasse 1^m. C'est une bobine d'induction (*voir* p. 149) dans laquelle le circuit primaire est parcouru par un courant continu que l'on interrompt périodiquement au moyen de différents dispositifs; on obtient aux bornes du fil secondaire un courant-induit-inverse au moment où le courant inducteur s'établit, et un courant induit direct quand le courant inducteur cesse. Les quantités totales d'électricité développées dans les deux cas sont égales; mais, comme la désaimantation du noyau de fer se fait plus rapidement que l'aimantation, la rupture du courant donne une décharge de force électromotrice plus grande et de durée moindre que la fermeture.

L'interrupteur le plus simple et le plus employé jusqu'ici est constitué comme il suit : En face du noyau de fer O (*fig.* 63) une petite masse de fer doux C est fixée

Fig. 63.

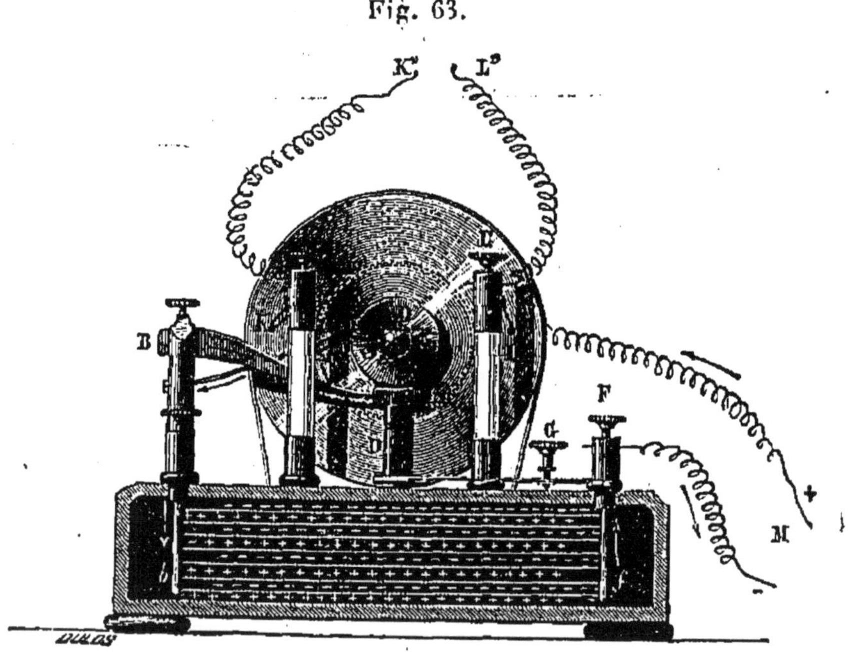

à une lame de ressort qui peut osciller; au repos, ce marteau appuie sur un butoir D. Le courant qui arrive de la source parcourt le fil primaire, puis vient passer dans le marteau, dans le butoir, et sort par la borne F;

le noyau de la bobine s'aimante et attire le marteau, dont le contact avec le butoir D cesse alors, d'où interruption du courant inducteur. Il en résulte une désaimantation du noyau, le marteau retombe sur le butoir par l'action du ressort, et le courant passe de nouveau ; et ainsi de suite. Il existe d'autres systèmes en vue de donner aux interruptions soit plus de régularité, soit une plus grande fréquence ; dans ce dernier cas, on emploie souvent de petits moteurs actionnés par le courant primaire.

Au moment où le courant cesse dans le primaire, la self-induction des spires détermine un extra-courant qui donne une forte étincelle entre le marteau et le butoir ; il en résulte une volatilisation du métal et un prolongement de courant qui, en rendant moins brusque l'interruption, tend à abaisser la force électromotrice induite. M. Fizeau a eu l'idée de disposer dans le socle de l'appareil un condensateur, formé de feuilles d'étain qui sont séparées par une matière isolante, et qui sont reliées alternativement au marteau C par la borne B, et au butoir D par la borne F ; ce condensateur emmagasine la charge de l'extra-courant, ce qui réduit l'étincelle de rupture entre C et D, et restitue ensuite cette charge en donnant dans le primaire un courant de sens inverse qui hâte la désaimantation du noyau.

Dans le transformateur Wydts-Rochefort (1898), les décharges intérieures entre les spires du fil induit sont entièrement supprimées par l'emploi d'un isolant pâteux spécial ; l'induit se compose de deux galettes seulement, placées au milieu de l'inducteur ; la longueur du fil et la surface du condensateur sont considérablement réduites. On obtient une étincelle de $0^m,45$ avec 12 volts et 6 ampères.

Quelques applications de la bobine Ruhmkorff. — Ces applications utilisent les décharges à haute tension; elles sont nombreuses; nous en citerons deux principales qui sortent des expériences de laboratoire pour entrer dans une pratique pour ainsi dire industrielle : la décharge dans les tubes raréfiés, qui donne lieu aux rayons Röntgen; et les oscillations de Hertz, d'où dérivent le télégraphe sans fil et les appareils de Tesla à haute fréquence.

Lorsqu'on fait passer la décharge d'une bobine Ruhmkorff dans des tubes renfermant des gaz à une pression notablement inférieure à la pression atmosphérique, on constate que l'étincelle se transforme en une lueur plus ou moins continue dont l'éclat et la coloration dépendent du gaz enfermé et des métaux entre lesquels se fait la décharge; on a ainsi les tubes de Geisler. Si l'on continue à réduire la pression jusqu'à quelques millièmes de millimètre de mercure, on obtient les tubes de Crookes, où l'on observe les phénomènes suivants. Pendant la décharge, la paroi du verre opposée à la cathode (pôle —) s'illumine en vert; et, si l'on interpose entre la cathode et le fond du tube un écran métallique, qui peut constituer l'anode (pôle +), on observe que l'écran produit une ombre, due manifestement à l'arrêt de radiations émanant de la cathode : ce sont les *rayons cathodiques*. Crookes a montré que, en plus de la fluorescence, ils peuvent déterminer des effets mécaniques, par exemple la rotation d'un moulinet, et a émis une théorie d'après laquelle le tube serait le siège d'un bombardement de molécules gazeuses partant de la cathode et électrisées négativement. Ces rayons sont déviés par un aimant. Goldstein a prouvé qu'ils ne traversent pas le verre et qu'ils peuvent produire des

effets chimiques et l'impression photographique. Lenard
les a étudiés dans l'air en les faisant sortir du tube au
travers d'une mince lame d'aluminium et a constaté
qu'ils se divisaient en plusieurs sortes, dont certaines
n'étaient pas déviées par l'aimant. En 1895, le Professeur Röntgen a découvert que les régions du verre du
tube frappées par les rayons cathodiques émettent des
radiations qui produisent la fluorescence de certaines
substances, impressionnent la plaque photographique,
et sont plus ou moins arrêtées par les métaux et leurs
composés, le verre, les os, etc. ; l'hydrogène, l'oxygène,
l'azote, le carbone, laissent passer ces rayons; il en est
de même de leurs composés, comme le papier, le carton,
le bois, les chairs, etc. Les rayons X (de nature inconnue)
peuvent ainsi donner sur un écran fluorescent ou sur
une plaque photographique des silhouettes qui nous
permettent d'observer ce qui se passe à l'intérieur de
corps opaques, tels que le corps humain. De nombreux
chercheurs ont suivi la voie ouverte par Röntgen et ont
perfectionné le matériel de ce procédé précieux que l'on
appelle aujourd'hui la *Radiographie*. On a reconnu
aussi que les rayons X déchargent les corps électrisés et
que, formés par la rencontre des rayons cathodiques
avec certains corps, ils se transforment eux-mêmes
(Sagnac), en rencontrant la matière, en radiations qui
présentent un pouvoir de pénétration de plus en plus
faible.

Lorsqu'une décharge a lieu entre deux conducteurs
dans un milieu isolant, tel que l'air, le rétablissement
de l'équilibre dans ce milieu et le long des deux conducteurs se fait par une série d'oscillations analogues à
celles d'un ressort, préalablement tendu, qui se détend
brusquement. Chaque décharge de la bobine de Ruhm-

korff au travers de l'air ou d'un bain d'huile donne naissance à une série d'oscillations dont le nombre atteint des millions et même des billions par seconde, et qui s'amortissent plus ou moins vite. Hertz a montré, à partir de 1887, que ces oscillations se transmettent dans l'espace sous forme d'ondes; leur vitesse de propagation est égale à celle de la lumière, environ $300\,000^{km}$ par seconde. Nous ne pouvons entrer ici dans le détail des propriétés remarquables de ces ondes; nous dirons seulement que, lorsqu'elles parviennent à un ensemble de corps conducteurs placés en contact superficiel, comme une agglomération de limaille métallique, la conductibilité électrique de ces contacts en est subitement augmentée dans une proportion considérable, sans doute par suite des volatilisations et entraînements de matière que déterminent les petites étincelles provoquées entre ces corps par le passage de ces ondes; une série de chocs rétablit la résistance première. Ce phénomène, découvert en 1890 par M. Branly, qui a donné à de tels corps le nom de *radioconducteurs* (conducteurs sous l'influence de la radiation électrique), est appliqué aujourd'hui à ce qu'on appelle le *télégraphe sans fil* (*voir* Chap. XIV).

Sous l'inspiration des travaux de Crookes et de Hertz, M. Tesla a montré en 1892 que, si l'on fait passer dans le primaire de la bobine Ruhmkorff soit le courant d'un alternateur produisant des milliers de renversements par seconde, soit la décharge disruptive d'un condensateur, ce qui établit dans le secondaire un régime vibratoire d'une fréquence de quelques centaines de mille périodes par seconde avec une tension de plusieurs centaines de mille de volts, de telles décharges donnent lieu à des phénomènes nouveaux, tels que : passage au travers du corps, sans effet sensible, de courants dont la tension serait foudroyante si la fréquence descendait au-dessous de 10000 par seconde; transformation de l'étincelle en nappe lumineuse continue; illumination de tubes à vide communiquant seulement avec une seule des bornes de la bobine, même au travers de plusieurs personnes se donnant la main, etc. Les tensions énormes ainsi développées exigent dans les spires de la bobine un isolement extrêmement soigné, qui s'obtient par un bain d'huile avec exclusion complète de l'air au contact des fils.

Accumulateurs.

Les piles que nous avons étudiées produisent un courant par la seule action des substances qui s'y trouvent en présence : on les appelle piles *primaires*. Les piles *secondaires* sont celles qui ne sont capables de donner un courant que si elles ont été traversées elles-mêmes par un courant primaire provenant d'une autre source; leur fonctionnement se comprendra facilement si l'on se rappelle les phénomènes de polarisation. On les désigne le plus souvent sous le nom d'*accumulateurs,* parce que ces appareils permettent d'accumuler le travail électrique produit par un courant primaire. Ce sont aussi des *transformateurs* pour courants continus, puisqu'ils donnent le moyen d'obtenir un courant secondaire ayant une force électromotrice et une intensité autres que le courant primaire.

Accumulateur au plomb. — Le genre le plus connu de ces accumulateurs consiste en deux lames de plomb formant électrodes dans de l'eau acidulée avec de l'acide sulfurique. Si l'on fait passer dans cet électrolyte le courant d'une pile ou d'une machine, l'eau est décomposée en oxygène qui se porte sur la lame positive et la recouvre d'une couche de peroxyde de plomb, et en hydrogène qui se dégage sur la lame négative. En supprimant le courant primaire, on a alors une pile secondaire qui donne, à travers un conducteur reliant ses deux bornes, une décharge puissante, mais de courte durée, due à la combinaison de l'oxygène que contient le peroxyde avec l'hydrogène de l'autre électrode. Si l'on renouvelle l'action du courant primaire, mais en sens inverse, la plaque qui était positive devient négative et reçoit l'hydrogène, qui réduit d'abord l'oxyde et s'emmagasine ensuite dans la couche poreuse ainsi formée à la surface du plomb; la plaque qui était négative devient positive et se peroxyde. En supprimant le courant primaire, on obtient une décharge secondaire plus longue que la précédente.

En répétant cette opération un grand nombre de fois, on allonge de plus en plus la durée de la décharge secondaire, et l'on *forme* un accumulateur capable d'emmagasiner des quantités de plus en plus grandes d'électricité.

Accumulateur Planté. — Le plus simple, et le premier en date, est celui de M. Planté (*fig.* 64 et 65). Les deux lames de plomb sont roulées en spirales parallèlement, et sont séparées électriquement par des bandes de caoutchouc placées de distance en distance.

Il existe aujourd'hui un grand nombre de modifications, genre Planté, dans lesquelles on a cherché à augmenter la surface des lames de façon à diminuer la résistance intérieure et à augmenter l'intensité du courant secondaire ainsi que la capacité d'emmagasinement; mais ces modifications, qui consistent à contourner et plisser les lames de toutes les façons possibles, ont l'inconvénient de se prêter moins facilement à un travail chimique uniforme sur toute la surface, parce que

Fig. 64.   Fig. 65.

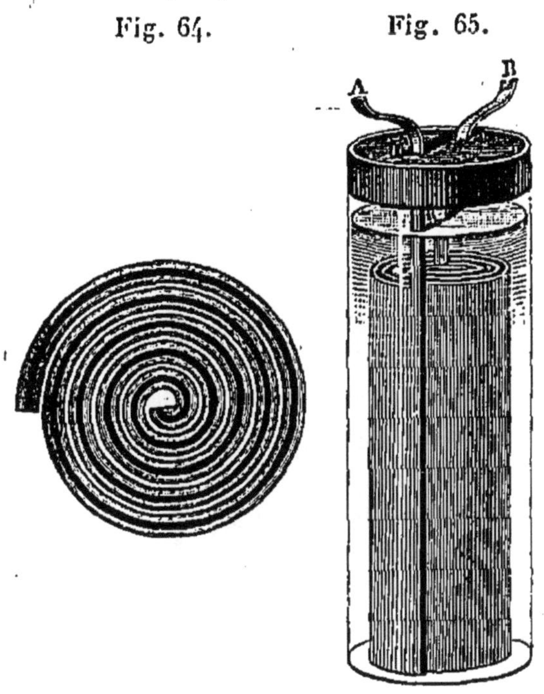

l'écartement des lames est alors irrégulier. Nous citerons cependant l'accumulateur Blot, formé de lames de plomb gaufrées et enroulées en navettes, qui présente une grande élasticité dans tous les sens (*fig.* 66).

On a cherché aussi à hâter la formation des couches de plomb peroxydé et de plomb poreux, car de leur épaisseur dépend la puissance d'emmagasinement de l'accumulateur.

Pour obtenir ce résultat, Planté attaque préalablement les lames de plomb par l'acide azotique; il les rend ainsi plus propres à recevoir l'action du courant primaire.

On a essayé de remplacer le plomb par d'autres substances, mais aucune combinaison *pratique* n'a donné

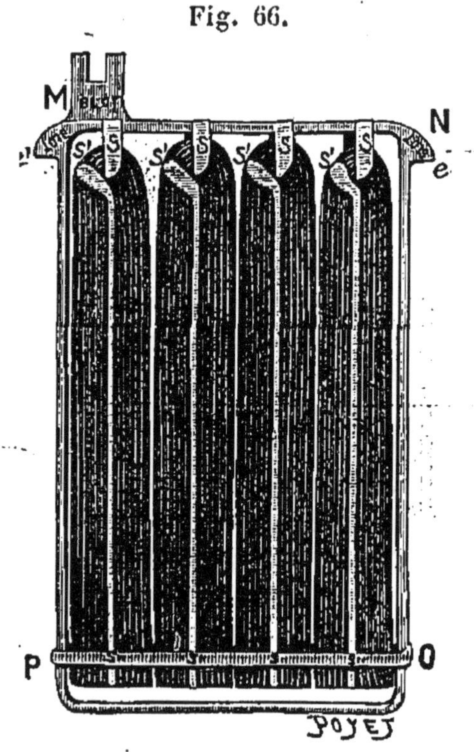

Fig. 66.

une force électromotrice supérieure à celle de l'élément Planté, qui est de $2^{volts},2$ au commencement de la décharge.

Accumulateur Faure. — Pour remédier à la longueur de la formation, Faure eut l'idée de recouvrir les deux lames d'une couche de minium maintenue au moyen de feutre ou de flanelle; le minium se transforme rapidement en peroxyde sur la lame positive et en plomb spongieux sur la lame négative, de sorte que les deux couches actives sont vite obtenues.

Ce système présente, en revanche, plusieurs graves inconvénients : les couches actives de peroxyde n'adhèrent pas suffisamment aux électrodes et se désagrègent au bout de peu de temps ; le feutre et la flanelle interposés augmentent la résistance intérieure et se désorganisent au contact de l'eau acidulée.

Accumulateur genre Faure. — Ces inconvénients ont été supprimés en partie dans l'accumulateur Faure-Sellon-Wolckmar, qui est formé de plaques percées de trous et quadrillées, de façon à retenir le minium sur l'électrode positive, et la litharge (oxyde moins oxygéné et plus facile à réduire) sur l'électrode négative, sans l'aide d'aucun tissu. Ce type, plus ou moins modifié, est aujourd'hui très répandu.

Malgré ce perfectionnement, la désagrégation a encore lieu, mais plus lentement ; en ne cherchant pas à obtenir des accumulateurs légers, en soignant la construction et en prenant des précautions dans leur emploi, on parvient actuellement à augmenter leur durée.

Éléments du fonctionnement des accumulateurs au plomb. — La force électromotrice de tous ces accumulateurs au plomb, quel que soit le genre de formation employé, est de 2^{volts},2 au commencement de la décharge, de 2 volts environ pendant la plus grande partie de celle-ci et de 1^{volt},7 à la fin.

La résistance intérieure est de quelques centièmes d'ohm, suivant le développement des lames, leur écartement et la concentration de l'eau acidulée. Avec une aussi faible résistance, on obtient une très grande intensité, qu'on ne pourrait avoir au moyen d'un même nombre de piles primaires ; la durée de la décharge est d'autant plus longue, toutes choses égales d'ailleurs, que l'intensité est plus faible ; l'intensité normale est d'environ 1 ampère par décimètre carré de plaque positive.

La capacité utile d'emmagasinement d'accumulateurs bien formés peut atteindre 10 ampères-heures par kilogramme de plaque.

Le travail électrique disponible est environ 40 pour 100 du travail total fourni par la source primaire, et 60 pour 100 du travail emmagasiné. Ces chiffres peuvent être augmentés si l'on arrête la charge au moment où les gaz commencent à se dégager.

Accumulateurs au cuivre et au zinc. — Afin de supprimer toute nécessité de formation sur l'électrode négative, M. Reynier et d'autres constructeurs ont eu l'idée de former la couche active négative au moyen d'un dépôt galvanoplastique de cuivre ou de zinc. On ajoute alors à l'eau acidulée du sulfate de cuivre dans le premier cas, et du sulfate de zinc dans le second. Les deux électrodes sont composées, l'une de plomb peroxydé, l'autre de plomb recouvert de cuivre ou de zinc. Il n'est plus nécessaire d'intervertir, pour la formation, le sens du courant primaire ; la lame positive se forme comme dans les accumulateurs précédents, mais la lame négative est toute formée, et n'a plus besoin d'être préparée à l'avance.

L'accumulateur au cuivre a une force électromotrice assez faible, $1^{volt},2$. L'accumulateur au zinc en a une de $2^{volts},3$, supérieure à celle du couple Planté ; mais, comme le zinc même amalgamé est attaqué par l'eau

acidulée, l'électrode négative est le siège d'actions locales qui abaissent considérablement le rendement.

Usage des accumulateurs. — Pour qu'une source
d'électricité puisse charger un accumulateur, il faut
qu'elle ait une force électromotrice supérieure à celle qui
se développe dans celui-ci; pourvu qu'elle ne descende
pas au-dessous de cette limite, il n'est pas nécessaire
qu'elle garde une valeur constante. Dans chaque cas, on
disposera les accumulateurs en dérivation, ou en série,
ou en groupements mixtes, suivant les principes géné-
raux du Chapitre VIII, de façon à réaliser cette condition et à obtenir une intensité de charge convenable;
avec les accumulateurs au plomb, on admet environ
1 ampère par kilogramme de plaque.

Comme exemple de l'utilisation d'un travail irrégulier
et discontinu, on peut citer la charge d'accumulateurs
par une dynamo attelée sur un moulin à vent ou sur un
moteur hydraulique mû par la marée.

On empêche les accumulateurs de se décharger dans
la machine, quand la vitesse devient trop faible, en
intercalant un *conjoncteur-disjoncteur* automatique,
qui ne ferme le circuit, au moyen d'un contact, que
lorsque la force électromotrice de la machine est supérieure à celle des accumulateurs; il est facile d'organiser un système de ce genre, dont il existe plusieurs
variétés.

Suivant un principe analogue, ou dispose souvent une
batterie d'accumulateurs en dérivation sur un circuit,
par exemple de lampes, alimenté par un moteur à
allure peu régulière; ils forment alors volant, se char-
geant en fonctionnement normal, et se déchargeant dans
les lampes lorsque la force électromotrice de la source

baisse. On supprime ainsi l'influence des coups de piston de certains moteurs sur l'éclat des lampes à incandescence.

On se sert encore des accumulateurs pour utiliser un excédent de travail pendant le jour et le restituer pendant la nuit sous forme d'éclairage.

Enfin, montés sur véhicules, tels que tramways, automobiles, etc., ils constituent un mode de transport de l'énergie, et doivent alors remplir certaines conditions spéciales, telles que grande puissance spécifique, ou grand nombre de watts disponibles par kilogramme de poids total, et grande énergie spécifique, ou grand nombre de watts-heures par kilogramme de poids total, afin de réduire le plus possible le poids mort transporté et d'augmenter la longueur du parcours que la batterie peut effectuer sans recevoir une nouvelle charge. Il faut ajouter une grande résistance aux fortes variations du régime de décharge, ainsi qu'aux trépidations et secousses.

CHAPITRE XI.

CHALEUR. — LUMIÈRE.

Chaleur.

Le dégagement de chaleur dans un conducteur parcouru par un courant électrique dépend du produit RI^2 (Chap. I) de la résistance par le carré de l'intensité. On comprend donc que l'on puisse arriver ainsi à développer des quantités de chaleur appréciables, à des températures suffisamment élevées pour des applications domestiques et industrielles. Ce mode de chauffage présente une très grande commodité d'emploi et une très grande élasticité en raison des formes et dispositions très différentes que l'on peut donner aux fils de fer, de maillechort, etc., dont le développement forme les *radiateurs* électriques; aussi commence-t-il à se répandre, malgré son prix encore élevé, pour certaines applications de chauffage domestique et de cuisine, et dans certaines industries pour produire, au moment opportun, sur tel ou tel point, la température exacte qui convient, par exemple dans une étuve, des fers à repasser, etc.

Mais la plus haute température que l'on puisse produire industriellement est celle de l'arc électrique : on l'utilise pour effectuer des phénomènes de fusion et de combinaison. En faisant jaillir l'arc entre deux métaux,

on peut les fondre et les souder. Dans le four électrique
de M. Moissan, l'arc jaillit entre deux électrodes en
charbon à l'intérieur d'un petit espace clos formé par
des briques de chaux vive ou de calcaire ordinaire; la
matière à chauffer est contenue dans un creuset et est
ainsi soumise à l'énorme température développée dans
cet espace sans être, comme dans d'autres procédés,
directement en contact avec l'arc qui ferait intervenir
des vapeurs de carbone et des impuretés. M. Moissan
a pu ainsi réaliser la reproduction du diamant, la cris-
tallisation des oxydes métalliques, la réduction par la
chaleur d'oxydes regardés jusqu'ici comme irréductibles
(et d'où l'on retire le chrome, qui permet de durcir le
cuivre et le fer, le molybdène, le tungstène, l'uranium,
le vanadium, etc.), la fusion des métaux réfractaires, la
distillation de la chaux, de la silice, de la zircone et du
charbon, la volatilisation abondante des métaux tels
que le platine, le cuivre, l'or, le fer, le manganèse,
l'aluminium et l'uranium. Il faut citer aussi la préparation de carbures métalliques, combinaisons bien définies,
cristallisées et stables à haute température, du carbone
avec certains métaux; en particulier le carbure de calcium, qui est obtenu dans le four électrique par la
réaction du charbon (coke) sur la chaux à haute température, et qui, mis en présence de l'eau, donne l'acé-
tylène, cette nouvelle source de chaleur et de lumière!
Plusieurs usines électriques produisent le carbure de
calcium en grand. Parmi les métaux que l'on retire
maintenant du four électrique, l'aluminium tient une
place des plus importantes en raison de ses propriétés
remarquables, en particulier de sa légèreté, que l'on
peut déjà utiliser industriellement par suite de l'abais-
sement considérable du prix de fabrication; ce métal

peut être produit aussi par voie électrolytique, ainsi que nous le verrons dans le Chapitre suivant.

Lumière.

Différentes sortes de lumière électrique. — La chaleur dégagée par le passage du courant dans une portion de circuit peut déterminer des phénomènes lumineux de différentes sortes :

1º L'*arc voltaïque,* qui jaillit entre deux charbons lorsqu'on les écarte l'un de l'autre ;

2º L'*incandescence dans l'air* ou *avec combustion,* qui se produit, dans l'air, au contact de deux corps médiocrement conducteurs ;

3º L'*incandescence pure* ou *sans combustion,* qui se manifeste dans un filament résistant plongé dans un milieu non comburant, comme l'azote, les carbures, le vide, etc. Nous allons examiner successivement ces trois sortes de sources lumineuses.

Unités d'intensité lumineuse. — Nous dirons tout d'abord que l'unité d'intensité lumineuse en usage en France est le *carcel,* brûlant 42^{gr} d'huile de colza épurée par heure. En Angleterre, c'est le *candle,* bougie de spermaceti valant à peu près le $\frac{1}{10}$ du carcel. D'autres valeurs de bougie sont employées en Allemagne et ailleurs. Pour avoir une unité bien déterminée, qu'on puisse reproduire identique à elle-même, la Conférence internationale des Électriciens a choisi, comme étalon, la lumière émise par 1^{cq} de platine à la température de fusion. D'après M. Violle, qui l'a proposé, cet étalon équivaut à 2 carcels.

1° Arc voltaïque.

L'arc voltaïque peut être produit par des courants soit continus, soit alternatifs, à la condition qu'ils possèdent une force électromotrice et une intensité suffisantes (*fig.* 67), au moins 35 volts et 2 ampères sur l'arc.

Avec les courants alternatifs, l'usure des deux char-

Fig. 67.

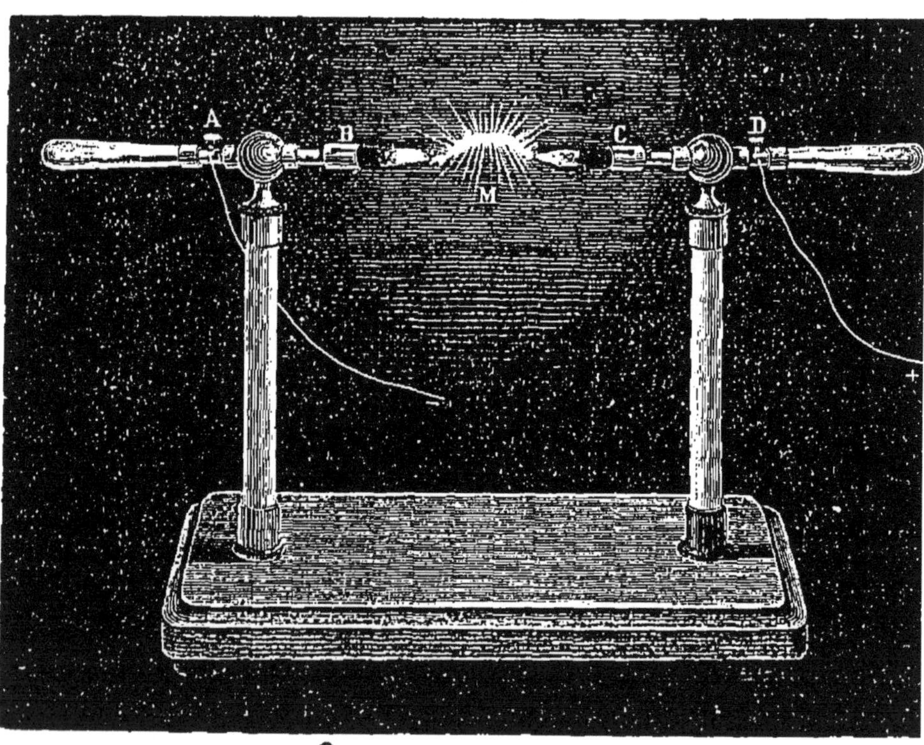

bons est la même, et les deux pointes émettent une même quantité de lumière.

Avec les courants continus, le charbon positif s'use environ deux fois plus vite que le négatif; de plus, il se taille en cratère, tandis que le négatif se taille en pointe;

le cratère positif donne une lumière intense, qui est les $\frac{2}{3}$ de la lumière totale fournie par toute la source.

Par suite de l'usure des charbons, leur écartement augmente; aussi a-t-on imaginé différentes dispositions pour maintenir à cet écartement la valeur qu'il doit avoir normalement.

Bougies. — La solution la plus simple, en vue d'obtenir ce résultat, consiste à disposer les charbons parallèlement l'un à l'autre et à employer des courants alternatifs; les charbons s'usent alors tous deux de la même quantité, et l'écartement de leurs pointes reste constant. Ces appareils sont appelés *bougies* électriques; leur principal type est la bougie Jablochkoff. Elle se compose de deux crayons de charbon parallèles et séparés par un mastic isolant ou colombin qui, léché par l'arc, fond au fur et à mesure de l'usure des charbons en devenant incandescent (*fig.* 68). L'allumage se fait automatiquement au moyen d'une mèche carburée qui relie les deux pointes des crayons et qui sert à amorcer l'arc.

Voici les éléments principaux du fonctionnement d'une bougie Jablochkoff à charbons de 4^{mm} de diamètre :

Intensité du courant........................	8^{amp} à 9^{amp}
Différence de potentiel aux bornes de la bougie	42^{volts}
Lumière nue	$37^{carcels},5$
» de face.............................	$45^{carcels}$
» moyenne.............................	$41^{carcels}$

Pour amortir l'éclat du foyer, on l'entoure d'un globe de verre opalin ou craquelé; le premier laisse passer 0.575 de l'intensité lumineuse moyenne, le second 0,7 de cette intensité.

On compte environ 40 carcels par cheval-vapeur absorbé dans une bougie.

Fig. 68.

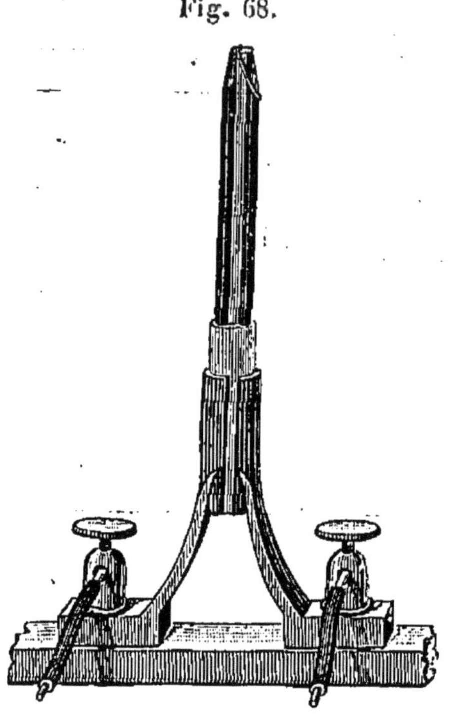

Lampe Soleil. — Dans la lampe Soleil, les deux charbons sont inclinés sur la verticale et s'avancent, en vertu de leur poids, au fur et à mesure de la combustion, de façon à venir buter contre deux pièces fixes qui maintiennent un écart constant; ces charbons sont engagés dans un bloc réfractaire de marbre ou de magnésie (*fig.* 69). L'arc lèche ce bloc et détermine son incandescence, qui s'ajoute à celle des charbons.

Cette lampe exige aussi des courants alternatifs.

Les foyers de 70 carcels demandent une intensité de 10 ampères; ceux de 600 carcels, une intensité de 23 ampères.

On compte environ 60 carcels par cheval-vapeur.

Régulateurs. — On peut encore, et c'est la solution la plus générale, utiliser les phénomènes d'électromagnétisme pour organiser un système qui détermine au moment du passage du courant et qui maintienne en-

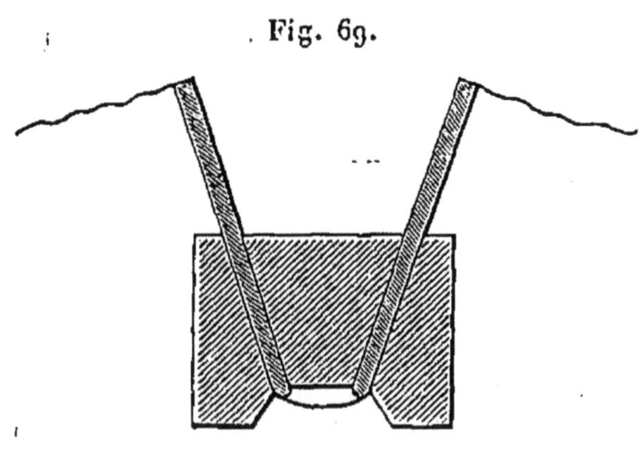

Fig. 69.

suite constant l'écart entre les deux charbons; c'est un *régulateur*.

Lorsque, par suite de l'usure, les charbons s'écartent, la résistance du circuit augmente et l'intensité du courant diminue. On a eu, tout d'abord, l'idée d'utiliser cette diminution pour opérer le réglage.

Régulateurs dans le circuit. — A cet effet, on dispose l'appareil de façon que le poids des porte-charbons, ou l'action d'un mouvement d'horlogerie, tende constamment à rapprocher les charbons; ce poids ou ce mouvement d'horlogerie fait tourner une roue munie de dents dans lesquelles peut entrer un arrêt commandé par un électro-aimant ou un solénoïde, dont le fil est traversé par le courant.

L'électro-aimant tend à faire entrer l'arrêt dans un cran de la roue, lorsque le courant est suffisamment intense; si celui-ci devient plus faible, un ressort antagoniste tend à déclencher l'arrêt.

Quand les charbons sont suffisamment rapprochés et ont leur écart normal, la roue est arrêtée par suite de l'action de l'électro-aimant; mais, dès que l'écart augmente, l'attraction de l'électro-aimant diminue, le ressort antagoniste devient prépondérant et déclenche l'arrêt; la roue se met alors en mouvement et les charbons se rapprochent jusqu'à l'écart normal; à ce moment, l'intensité du courant est suffisante pour que l'électro-aimant enclenche de nouveau l'arrêt, le mouvement cesse, et ainsi de suite.

Si le courant est interrompu, l'électro-aimant n'agit plus et les charbons se rapprochent jusqu'au contact; le courant circule alors de nouveau, et un mécanisme spécial, formé d'un électro-aimant, produit l'écart des charbons tant que le courant continue à passer.

On conçoit que le foyer lumineux puisse être fixe dans l'espace, avec des courants continus, si les deux porte-charbons sont mobiles de telle sorte que les déplacements du charbon positif soient deux fois plus grands que ceux du charbon négatif.

Les régulateurs Foucault, Duboscq et Serrin appartiennent à cette classe.

Mais ce système de régulateurs, sans dispositif spécial, exige qu'il n'y ait qu'un foyer par circuit, parce que, s'il y en avait plusieurs en série, l'écart des charbons dans l'un d'eux, déterminant une diminution d'intensité dans tout le circuit, provoquerait le rapprochement des charbons de tous les autres régulateurs, ce qui ferait varier leur intensité lumineuse à la fois (*voir* Chap. XIII).

Pour remédier à cet inconvénient, on peut se servir de l'un des deux systèmes suivants.

Régulateurs en dérivation. — Dans le système en dérivation, le fil de l'électro-aimant ou du solénoïde est en dérivation sur les charbons; on le prend long et fin, de façon que la plus grande partie du courant passe par les charbons, et que la dérivation de l'électro-aimant

Fig. 70.

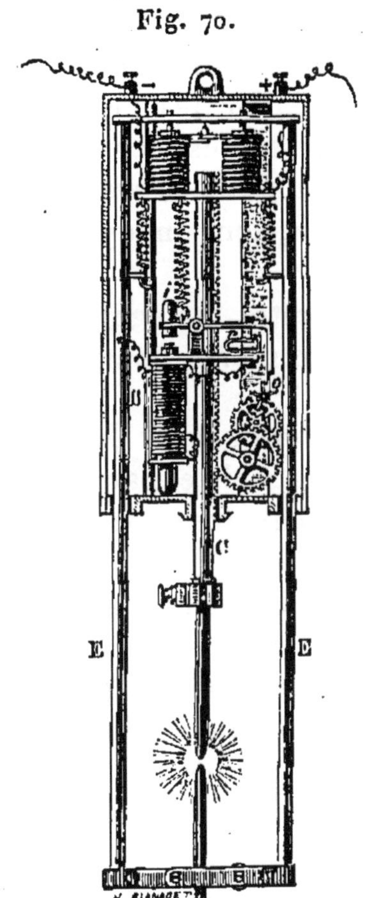

reçoive seulement la quantité d'électricité nécessaire au fonctionnement du régulateur.

Lorsque l'écart des charbons augmente, l'intensité du courant principal diminue; par contre, celle du courant dérivé augmente, et l'attraction de l'électro-aimant est plus énergique. Il faut donc faire en sorte que le ressort antagoniste tende à enclencher l'arrêt, et l'électro-aimant à le déclencher lorsque les charbons sont trop écartés.

Le fonctionnement de chaque régulateur ne dépend plus alors que du rapport des intensités du circuit principal et du circuit dérivé ; il suffit que la différence de potentiel aux bornes du régulateur reste constante, car, alors, la somme des intensités des deux courants qui traversent la lampe reste aussi constante. Il en résulte que plusieurs régulateurs de ce système, placés en série dans un même circuit, sont indépendants les uns des autres.

Appartiennent à cette catégorie les régulateurs Gramme (*fig.* 70), Mersanne, Lontin, etc.

Régulateurs différentiels. — On peut encore remplacer le ressort antagoniste par un second électro-aimant ou solénoïde, à fil gros et peu résistant, parcouru par le courant principal.

Lorsque l'écart des charbons augmente, l'intensité du courant principal diminue, et celle du courant dérivé augmente ; les deux électro-aimants agissent en sens inverse sur l'arrêt, de sorte que la diminution du courant dans le gros fil et son augmentation dans le fil dérivé produisent des actions qui s'ajoutent pour déclencher l'arrêt.

Le fonctionnement du régulateur ne dépend que du rapport des intensités du courant principal et du courant dérivé ; si, comme dans le système précédent, la différence de potentiel aux bornes de la lampe reste constante, l'intensité totale n'est pas changée. Il en résulte que plusieurs régulateurs de ce genre, placés en série dans le même circuit, sont indépendants les uns des autres.

A cette classe appartiennent les régulateurs Siemens (courants alternatifs) (*fig.* 71), Brush, Weston, Tchikoleff, Schuckert, Berjot (courants alternatifs), etc.

Tels sont les principaux systèmes de régulateurs en usage; mais il en existe une infinité d'autres.

Fig. 71.

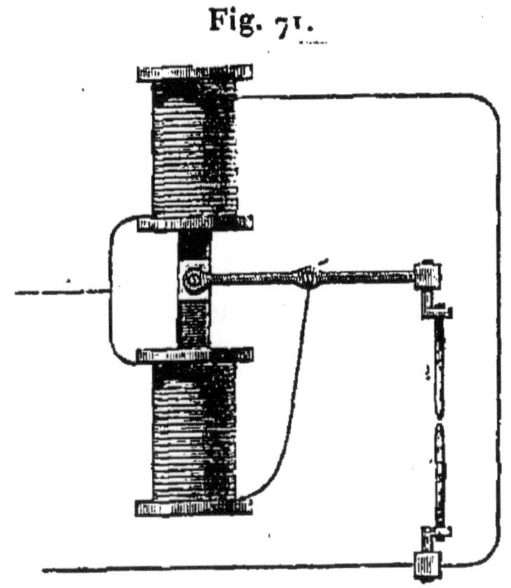

On compte de 70 à 100 carcels par cheval avec de bons régulateurs.

Charbons. — Les charbons employés pour la lumière électrique sont fabriqués au moyen de poudre de charbon (coke) bien pure, agglomérée avec du goudron, de façon à former une pâte homogène; celle-ci est passée à la filière et se moule en crayons de différents diamètres. On les cuit dans un four, puis on les plonge dans un sirop pour boucher les pores qui se sont produits pendant la cuisson; enfin on les recuit et l'on recouvre les positifs d'une mince couche de cuivre par galvanoplastie.

Les diamètres sont d'autant plus forts que l'intensité du courant doit être plus grande; ils varient depuis quelques millimètres jusqu'à 0^m,02, valeur usitée pour les gros foyers de 3000 à 4000 carcels, qui fonctionnent avec une centaine d'ampères.

Le dépôt de cuivre dont on recouvre les charbons positifs facilite leur taille, la rend plus régulière, diminue l'usure et améliore la lumière.

On rend la lumière plus fixe en munissant le charbon positif d'une mèche intérieure.

2° Incandescence dans l'air.

Lorsque deux corps, dont l'un au moins est médiocrement conducteur, sont en simple contact et parcourus par un courant électrique, il se produit, à ce contact, par suite de sa résistance, un échauffement qui amène l'incandescence et la combustion des deux corps ou seulement du plus résistant, si l'intensité du courant est suffisante.

Si l'on donne à l'un des deux corps une large section et si l'on prend, pour l'autre, un mince crayon de charbon, c'est celui-ci qui, à cause de sa plus grande résistance, devient incandescent.

Plusieurs lampes sont fondées sur ce principe; nous ne parlerons que de la lampe Reynier.

Lampe Reynier. — Elle est formée d'un mince crayon C de charbon qui est poussé contre un butoir métallique A fixe, à plus grande surface (*fig.* 72). Sous l'action du courant, la pointe du crayon s'échauffe, passe au rouge, puis au blanc éblouissant, sur une certaine longueur.

Au fur et à mesure que le charbon se consume, le poids d'un piston glissant dans un tube, pour les lampes verticales, ou d'un contre-poids, pour les lampes horizontales, détermine l'avancement du crayon, de façon

Fig. 72.

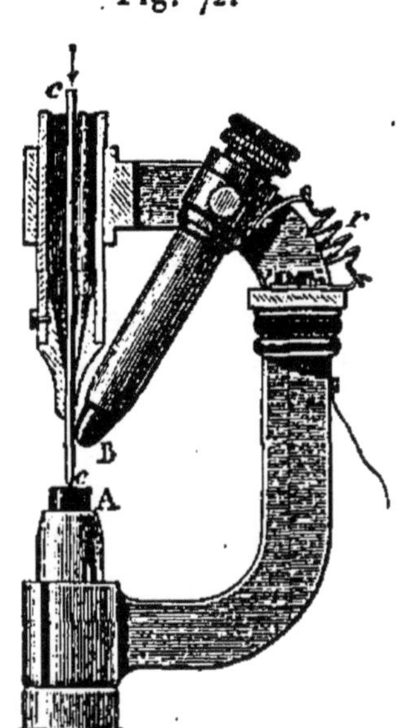

qu'il y ait toujours contact entre sa pointe et le butoir. Le courant passe dans le crayon entre un contact B, qui forme frein par l'effet du ressort r, et le butoir A.

Voici les données du fonctionnement de la lampe Reynier avec charbon de $2^{mm},5$, pour un courant de 27 ampères :

Résistance de la lampe............... $0^{ohm},2$
Différence de potentiel aux bornes... $5^{volts},4$
Intensité lumineuse maximum........ $112^{carcels}$

D'autres types de lampes Reynier se composent de

plusieurs crayons de charbon s'appuyant les uns sur les autres.

Dans les lampes à incandescence avec combustion, on compte environ 3o carcels par cheval.

3° Incandescence pure.

Un filament d'un corps médiocrement conducteur et peu fusible peut être porté à l'incandescence s'il est traversé par un courant convenable ; l'intensité lumineuse augmente plus vite que la température d'échauffement ; il y a donc avantage à augmenter le plus possible cette température ; mais il existe une limite déterminée, pour chaque substance, au-dessus de laquelle le filament se détruit.

Dans l'air et, en général, dans un milieu comburant, cette destruction est très rapide, s'il y a combustion ; c'est le cas du charbon.

Pour remédier à cet inconvénient, on enferme hermétiquement le filament dans une ampoule de verre où l'on a produit soit le vide, soit une atmosphère inerte. Il n'y a plus alors combustion, et de semblables lampes peuvent avoir une durée ou, suivant l'expression consacrée, une *vie* assez longue, qui dépend du travail de désorganisation moléculaire causé par le passage du courant.

Les premiers essais ont été faits avec des fils de platine ; mais ceux-ci se volatilisent à la température pour laquelle ils commencent à donner une lumière appréciable. Le platine iridié, l'iridium et les charbons d'origines différentes furent ensuite expérimentés ; c'est le charbon qui donne les meilleurs résultats, et qui est exclusivement employé aujourd'hui. Il possède, en effet, une faible capacité calorifique, un grand pouvoir rayonnant et une grande résistance électrique; de plus, il est infusible. La vie d'un filament de charbon atteint plus de mille heures s'il n'est pas surmené par un courant trop fort ou par des variations brusques de l'intensité.

Les principales lampes de cette sorte sont les suivantes :

Lampe Edison. — La lampe Edison, avec filament de bambou carbonisé F, en forme de fer à cheval, enfermé

Fig. 73.

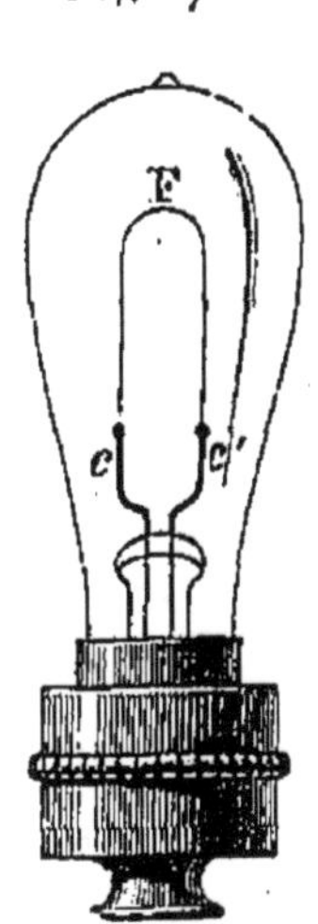

dans le vide (*fig.* 73) et fixé à deux fils de platine c qui aboutissent aux bornes de la lampe.

Lampe Swan. — La lampe Swan, avec brin de coton carbonisé, en forme de boucle, dans le vide.

Lampe Maxim. — La lampe Maxim, avec lame de carton bristol carbonisé, en forme de M, dans une atmosphère de gazoline (hydrocarbure).

Tr. élém. d'Électr. 16

Lampe Cruto. — La lampe Cruto, à fil fin de platine porté à l'incandescence dans une atmosphère de proto-carbure d'hydrogène et recouvert ainsi d'une couche de carbone.

Lampe Gérard. — Dans la lampe Gérard on a cher-ché à augmenter la surface lumineuse; le filament y est remplacé par une série de petites baguettes de charbon pur, porphyrisé, aggloméré et passé à la filière.

Lampe Bernstein. — La lampe Bernstein, à filament creux formé par des tubes en tissu de soie carbonisé, présente une faible résistance et peut fonctionner sous un faible voltage, comme la précédente.

Fonctionnement des lampes à incandescence. — Les lampes à incandescence fonctionnent avec des courants quelconques, continus ou alternatifs. Elles absorbent environ 3 watts et demi par bougie en marche normale, c'est-à-dire lorsqu'elles reçoivent la force électromo-trice, et par suite l'intensité, auxquelles chaque type est destiné. Le rendement s'élève rapidement lorsqu'on pousse leur éclat en augmentant la force électromotrice du courant; mais aussi leur vie est beaucoup abrégée; il est vrai que cet inconvénient est bien moins grave aujourd'hui, avec les prix si faibles auxquels sont arri-vées les lampes à incandescence.

Les types principaux en usage sont ceux de 10, 16 et 32 bougies; leur voltage varie de 50 à 120 volts; le nombre d'ampères s'obtient en divisant les 3^{watts},5 par le nombre de volts correspondant. On en fabrique aussi pour des intensités lumineuses beaucoup plus fortes, allant jusqu'à 1500 bougies, les lampes Sunbeam par exemple; le rendement est alors plus grand et il ne faut plus que 2 watts par bougie; ainsi la lampe de 1000 bougies prend 100 volts et 20 ampères.

Usage des différentes sources de lumière électrique.
— On n'emploie plus guère aujourd'hui que les régulateurs à arc et les lampes à incandescence pure. Ces deux systèmes se prêtent bien à toutes les conditions de la pratique et forment un ensemble où l'on trouve une solution convenable et commode à tous les cas qui peuvent se présenter.

Les lampes à incandescence permettent de diviser la lumière et s'appliquent par conséquent à l'éclairage individuel et aux locaux restreints; les types de 10 et 16 bougies conviennent bien pour cet usage; les types supérieurs s'appliquent aux grands locaux et à l'éclairage extérieur. L'incandescence trouve aussi une application spéciale dans les installations où il est nécessaire de soustraire les foyers au contact de l'atmosphère ambiante, comme les magasins à poudre, mines, tissages, moulins, etc., ou encore dans certains locaux où il y a intérêt à ménager l'oxygène emmagasiné pour la respiration comme les bateaux sous-marins. Il faut remarquer, en outre, que l'entretien est très simple puisqu'il n'y a qu'à remplacer les lampes quand elles sont usées.

Les régulateurs à arc conviennent, en raison de leur puissance, pour éclairer de larges espaces ou pour envoyer au loin un faisceau de lumière électrique. Dans cette dernière application, on emploie de préférence les courants continus, parce qu'ils concentrent la plus grande partie de la lumière sur la petite surface formée par la facette du charbon positif, et qu'il est facile de placer cette facette au foyer d'un appareil optique de projection. On doit tenir compte, d'ailleurs, de cette circonstance pour disposer convenablement les charbons et les réflecteurs lorsqu'on se sert de courants continus; en particulier, quand il s'agit d'éclairer un local par le plafond, ce qu'on appelle *éclairage indirect,* comme dans des salles de dessin ou d'études, où l'on veut supprimer les ombres portées, le charbon positif est placé en bas. Lorsqu'on se sert de courants alternatifs, les deux charbons se comportent de la même façon et donnent la même quantité de lumière.

Le choix de l'intensité de lumière et de courant à adopter pour les arcs dans chaque cas dépend de la surface à éclairer. Le plus souvent on se sert de foyers de 500 carcels et 24 ampères placés à environ 15^m au-dessus du sol, avec réflecteurs en tôle peints en blanc à l'intérieur; un seul de ces foyers éclaire un chantier de terrassement sur une longueur de 80^m environ. Sur un espace plus restreint, ou dans un atelier ne demandant qu'un éclairage général, un foyer de 150 carcels et 13 ampères, à une hauteur de 7^m à 9^m, éclaire convenablement sur une longueur de 20^m. Si la hauteur disponible est moindre, ou s'il y a des supports qui portent ombre, on multiplie les foyers en réduisant leur intensité vers 20 ou 40 carcels, ce qui correspond à 4 ou 6 ampères.

Il resterait à donner quelques indications sur le prix de revient de l'éclairage électrique; il n'est pas possible de fixer des chiffres d'une façon absolue, parce que ceux-ci varient dans des limites assez étendues qui dépendent de la nature et de la puissance du moteur employé, du rendement des machines et de la canalisation, de circonstances locales, etc. Toutefois, on peut dire que, dans de bonnes conditions, et même avec des mo-

teurs à vapeur, il est possible de réduire le prix du
carcel-heure à environ 1 centime avec l'incandescence,
et à moins avec l'arc. L'utilisation des forces hydrau-
liques permet d'abaisser encore notablement cette dépense.

CHAPITRE XII.

ÉLECTROCHIMIE.

La décomposition par le courant électrique de combinaisons chimiques à l'état de dissolution ou, à l'état de fusion calorifique donne lieu à des applications industrielles déjà nombreuses et importantes, qui sont appelées à un grand avenir. Nous en avons résumé le principe dans le Chapitre I.

Galvanoplastie.

La galvanoplastie a pour but de déposer un métal, soit sur un moule, pour en obtenir la reproduction, soit sur un objet formé d'un métal moins précieux ou plus facilement oxydable.

On trouvera dans les Traités spéciaux les renseignements relatifs à la composition des bains, au nombre de volts et d'ampères, etc., qui conviennent pour la déposition de tel ou tel métal. Les métaux les plus employés dans cette application sont le cuivre, le nickel, l'argent, l'or, le zinc, le fer, etc.

Affinage des métaux.

Dans un électrolyte formé d'une dissolution de sulfate de cuivre avec acide sulfurique en excès, on plonge une cathode (électrode, reliée au pôle — de la source) en cuivre pur, et une anode (électrode reliée au pôle + de la source) formée du cuivre impur qui résulte d'un premier traitement métallurgique. On fait passer le courant. Le sulfate de cuivre est décomposé en cuivre pur qui se dépose sur la cathode et en acide sulfurique qui se porte sur l'anode et qui, avec l'acide libre du bain, dissout le cuivre de l'anode pour reformer du sulfate de cuivre qui est décomposé à son tour, et ainsi de suite. Le cuivre contenu dans l'anode est ainsi transporté sur la cathode à l'état de pureté, et les impuretés restent dans le bain.

Électrométallurgie.

On désigne sous ce nom l'application du courant électrique à la mise en liberté des métaux par voie électrolytique. Tandis que, dans le four électrique, on produit aussi certains métaux par la réduction des oxydes en présence du charbon sous la seule influence de la chaleur, ici la chaleur ne sert plus qu'à amener à l'état liquide, par fusion, les minerais auxquels le courant fait subir la décomposition chimique ; l'électrolyse ne peut s'opérer, en effet, qu'à l'état liquide, et ces minerais sont insolubles dans l'eau. Ce procédé, appliqué aux fluorures et chlorures d'aluminium, a créé pour l'extraction de ce métal une industrie nouvelle qui en a abaissé le prix en quelques années dans la proportion de 70 à 1. Il s'applique encore à d'autres métaux, en particulier aux métaux alcalins et alcalino-terreux.

Fabrication des alcalis.

Lorsqu'on électrolyse une solution de chlorure de sodium, l'oxygène de l'eau et le chlore du chlorure se

portent au pôle +, l'hydrogène et le sodium au pôle —;
si la cathode est en mercure, il se forme un amalgame
de sodium, qui, mis ensuite en présence de l'eau, donne
de la soude; si la cathode ne peut pas se combiner au
sodium, par exemple si elle est en fer ou en charbon, le
sodium décompose l'eau et forme immédiatement de la
soude. Celle-ci se dissout dans le bain et tend à donner
avec le chlore également dissous qui provient de l'anode
un hypochlorite de soude que l'on utilise pour le blan-
chiment, en particulier des pâtes de papier; il y a, en
même temps, production de chlorate. Si l'on veut recueillir la soude, il faut empêcher sa combinaison avec
le chlore; pour cela, on sépare l'électrolyte en deux
parties, qui correspondent aux deux pôles, au moyen
d'un diaphragme poreux, analogue aux vases poreux
des piles, qui laisse passer le courant tout en ralentis-
sant considérablement le mélange des deux dissolutions.

Production de l'ozone.

L'ozone, modification de l'oxygène par les décharges
électriques que l'on fait passer dans l'air, possède des
propriétés oxydantes très énergiques dont l'utilisation à
la destruction des germes organiques constitue une
application chimique importante de l'électricité. Le rendement en ozone dépend de la fréquence et du potentiel
de la décharge. Dans le système Andréoli, les étincelles
jaillissent entre des plaques de grande surface et des
grillages à pointes, le tout en aluminium pour éviter
l'oxydation. On compte environ 125^{gr} d'ozone par kilowatt-heure. L'air ozonisé est amené dans des récipients,
et chassé au travers des eaux d'égout, dont il produit la
stérilisation.

Applications diverses.

Il faut citer encore, parmi les applications chimiques de l'électricité : la production de l'hydrogène et de l'oxygène par la décomposition de l'eau en grand au moyen des appareils Renard, dans lesquels les électrodes, en fer, sont en contact avec l'eau rendue conductrice par la potasse; la préparation du peroxyde, du carbonate, du chromate de plomb, etc., par l'électrolyse d'une dissolution de deux sels, dont l'un doit dissoudre le métal anode, et dont l'autre fait entrer ce métal dans la combinaison à obtenir; le tannage électrique, par lequel les peaux, plongées dans des réservoirs, sont traversées par le courant, qui a pour effet d'ouvrir les pores et de rendre ainsi les cuirs plus perméables à la solution tannique; et les innombrables oxydations, réductions, décompositions, synthèses, auxquelles peut donner lieu le courant électrique.

CHAPITRE XIII.

DISTRIBUTION DE L'ÉNERGIE.

Conditions à remplir.

Nous allons examiner comment l'énergie peut être distribuée par le courant électrique en différents points de façon à y effectuer des travaux divers, chimiques, calorifiques, lumineux et mécaniques, par l'intermédiaire des appareils étudiés dans les Chapitres précédents.

Une semblable distribution doit remplir les conditions suivantes :

1° Laisser à chaque appareil son indépendance ;

2° Proportionner l'énergie produite dans la machine génératrice à l'énergie consommée sur les points d'utilisation.

Or les appareils peuvent être placés soit dans un seul circuit, soit dans plusieurs circuits dérivés.

S'ils sont tous dans le même circuit, il faut, pour que le fonctionnement de chaque appareil ne soit pas troublé par les autres, que l'intensité reste constante, malgré les variations que l'état de repos ou de fonctionnement des autres appareils introduit dans le circuit ; la force électromotrice aux bornes doit alors varier pour maintenir cette constance d'intensité malgré les changements de résistance. C'est ce qu'on appelle une *distribution à intensité constante*.

Si les appareils sont établis en dérivation, il faut, pour que l'intensité reste constante dans chaque circuit, que la différence de potentiel entre les extrémités de ce circuit reste constante. C'est une *distribution à différence de potentiel constante*.

La distribution au moyen d'un seul circuit a l'inconvénient de rendre tous les appareils solidaires d'un accident, d'une rupture, survenant en un point quelconque du circuit, d'exiger des forces électromotrices considérables, et de faire passer un courant d'une intensité unique dans les différents appareils.

La distribution par circuits dérivés a l'avantage de rendre les appareils indépendants les uns des autres, et permet de donner à chacun dans une certaine mesure l'intensité qui lui convient; mais elle a l'inconvénient d'exiger une plus grande dépense de conducteurs.

Pour obtenir une intensité constante et la proportionnalité du travail utile au travail consommé, M. Marcel Deprez enroule sur les inducteurs de la machine deux fils, placés l'un dans le circuit d'une excitatrice séparée, l'autre en dérivation sur le circuit principal.

Pour obtenir une force électromotrice constante, il excite les inducteurs de la machine génératrice au moyen de deux fils placés l'un dans le circuit d'une excitatrice séparée, l'autre dans le circuit même de la génératrice.

On peut aussi, plus simplement, employer l'excitation en dérivation pour maintenir l'intensité constante, et l'excitation compound pour obtenir une différence de potentiel constante; ces deux systèmes, que nous avons étudiés (Chap. VIII) suffisent dans bien des cas.

Montage des lampes à arc.

D'après ce qui précède, les lampes à arc peuvent être montées en série ou en dérivation, ou encore suivant un système mixte.

Montage en série. — Les lampes sont disposées à la suite les unes des autres sur un seul conducteur, de façon que le courant les traverse toutes dans le sens convenable.

Il est indispensable que l'extinction d'une lampe ne change pas le régime du courant. On y parvient au moyen de différentes solutions.

On peut, par exemple, faire en sorte que l'interruption du courant entre les deux charbons détermine le contact de deux pièces métalliques, par lequel le courant passe sans traverser les organes du régulateur ; la suppression de la résistance présentée par l'arc et par les fils du régulateur tend alors à augmenter l'intensité du circuit ; pour maintenir l'intensité primitive, il suffit soit d'intercaler automatiquement une résistance équivalente à celle qui a été supprimée, soit de réduire la force électromotrice de la machine en diminuant sa vitesse ou l'intensité du courant qui excite les électros (Chap. VIII).

Ce montage en série permet de réaliser une grande économie dans l'établissement des conducteurs. Il est très employé en Amérique, en particulier avec les machines Brush à courants continus, qui sont organisées de façon à donner des tensions élevées ; on a ainsi des circuits de 3000 volts, comprenant des lampes dont chacune demande 45 volts aux bornes et 8 à 10 ampères. Si une lampe s'éteint, un système automatique y substitue un rhéostat qui absorbe 450 watts à la place d'une lampe de 10 ampères.

Avec les courants alternatifs, on peut substituer à ces rhéostats des bobines de self-induction qui absorbent beaucoup moins, tout en remplissant le même but (Chap. V).

Montage en dérivation. — Les lampes peuvent être disposées sur autant de conducteurs distincts placés en dérivation aux bornes de la source, ou sur des fils reliant deux gros conducteurs qui forment troncs communs. Le premier système a l'avantage de permettre la manœuvre des lampes indépendamment l'une de l'autre et depuis les bornes de la source; le deuxième système demande une longueur moindre de conducteurs.

Montage mixte. — En combinant les deux modes précédents de montage, on obtient des systèmes mixtes qui participent à la fois des avantages et des inconvénients des deux premiers. On peut ainsi disposer en dérivation sur la même machine plusieurs circuits dont chacun renferme en série un certain nombre de lampes; mais ce nombre est assez restreint, car il est indispensable que les variations de résistance qui se produisent dans ces différents circuits soient sensiblement négligeables, puisque la force électromotrice est la même à chaque instant aux extrémités de chacun d'eux et que l'intensité doit y rester constante.

Avec les courants alternatifs on peut aller plus loin au moyen d'un procédé, employé en Amérique, qui consiste à disposer en dérivation sur les bornes de chaque lampe une bobine de self-induction ou réactance. En marche normale, ces bobines ne sont traversées que par un courant très faible, calculé de façon à amener la *saturation* magnétique du noyau. Lorsque l'arc est rompu, tout le courant tend à passer dans le fil, sans qu'il soit besoin d'aucun mécanisme de substitution, et la réactance, produisant une force électromotrice inverse, diminue d'autant la force électromotrice du courant. Mais il n'y a pas consommation de travail parce que le noyau est déjà saturé. Tandis qu'une simple résistance absorberait à la fois des volts et des ampères, c'est-à-dire des watts, la bobine de réactance à noyau saturé n'agit que sur les volts; on dit alors que le courant est *déwatté*. Avec ce dispositif, la différence de potentiel reste constante aux bornes de chaque lampe, et on réalise une distribution mixte qui rentre dans la catégorie à potentiel constant.

Montage des lampes à incandescence.

Le montage des lampes à incandescence peut aussi se faire en série, en dérivation, ou suivant un système mixte.

Montage en série. — Le montage en série unique des lampes à incandescence n'est guère employé, en raison de la force électromotrice élevée, d'au moins 50 volts, usitée pour ce genre de lampes, et du grand nombre de ces lampes dans une installation. Le réglage de l'intensité du circuit est plus facile qu'avec les lampes à arc, et les interruptions, dues ici à la rupture des filaments, sont moins fréquentes. Dans les lampes à faible voltage du type Bernstein, fabriquées pour être ainsi disposées en série, les deux fils qui supportent la tige de charbon forment ressort et viennent au contact pour laisser passer le courant lorsque le charbon est rompu.

Montage en dérivation. — Le montage en dérivation assure l'indépendance des lampes ; elles sont alors disposées sur des fils distincts qui relient deux forts conducteurs partant des bornes de la machine. Il faut tenir compte, toutefois, de la diminution de force électromotrice qui se produit le long de ces deux conducteurs au fur et à mesure qu'on s'éloigne de la machine, et qui a pour effet de donner une plus grande intensité aux premières lampes qu'aux dernières. On y remédie soit en choisissant des lampes de voltage moindre pour les parties éloignées, soit en augmentant la résistance des fils de dérivation pour les lampes moins éloignées, soit en disposant en crochet l'un des conducteurs de façon qu'il arrive d'abord aux dérivations éloignées et se rapproche ensuite de la machine.

Citons encore une solution spéciale : le montage d'Edison à trois fils, qui s'applique au cas où le courant est produit par deux machines identiques reliées par leurs pôles de noms contraires. Un conducteur principal part de chacun des deux pôles libres des deux machines, et un troisième, de la liaison commune. Les lampes sont placées sur des fils dérivés jetés entre le troisième conducteur et, alternativement, l'un et l'autre des deux premiers. On a ainsi deux montages en dérivation, accolés, avec le troisième conducteur commun. On réalise de cette façon une grande économie sur les conducteurs, parce que : 1° chacun des deux premiers conducteurs principaux ne reçoit que le courant de la moitié du nombre des lampes ; 2° dans le conducteur commun, qui est positif pour une machine et négatif pour l'autre, l'intensité résultante ne dépend que de la différence des lampes allumées sur les deux circuits; cette intensité est nulle lorsque les deux circuits sont également chargés. Ce système peut s'appliquer avec quatre fils pour trois machines, etc.

Montage mixte. — Enfin, on peut encore combiner les montages en série et en dérivation dans des systèmes mixtes.

Combinaison de lampes à arc et à incandescence.

Il arrive souvent que l'on a à alimenter, avec une même machine, des lampes à arc et à incandescence. On emploie alors fréquemment une distribution à 110 ou 120 volts qui permet d'établir les lampes à incandescence en dérivation et les arcs en série de deux, ce qui conduit à des économies de conducteurs.

Tableau de distribution.

Les conducteurs chargés de distribuer le courant à partir de la machine partent d'un *tableau*, dit *de distribution*, sur lequel sont fixés différents organes de manœuvre, de contrôle et de sécurité. Ce tableau est en substance isolante, telle que bois, ardoise, etc., et porte pour chaque machine les organes essentiels suivants :

1° Deux barres de cuivre, reliées par de forts conducteurs aux deux pôles de la machine; de ces deux barres partent les conducteurs des circuits;

2° Sur chaque circuit, un interrupteur, formé d'un levier qui peut supprimer ou établir la communication;

3° Un ampèremètre, intercalé sur le câble qui vient du pôle positif de la machine, et destiné à indiquer à chaque instant l'intensité totale du courant fourni par la machine;

4° Un voltmètre, en dérivation sur les barres du tableau, avec un bouton de contact, ou encore en fonctionnement continu, pour renseigner sur la force électromotrice aux bornes;

5° Sur chaque circuit, au départ et au retour du courant, un coupe-circuit, composé d'un fil ou d'une lame de plomb dont la section est telle que la fusion, et par suite l'interruption du courant, se produisent lorsque l'intensité vient à dépasser, pour une cause accidentelle, la valeur de la marche normale;

6° Un indicateur de mise à terre, avec avertisseur sous forme de sonnerie, lampe à incandescence, etc., dont le fonctionnement signale une dérivation accidentelle d'un des conducteurs avec la terre.

C'est là un strict minimum. On y ajoute souvent des indicateurs de courant, disposés sur chaque circuit, et formés d'un petit électro-aimant qui incline en marche une aiguille dont la position de repos est verticale; une lampe témoin, placée en dérivation sur les bornes de la machine et renseignant par son éclat sur la valeur et les variations de la force électromotrice; et, en général, les accessoires, tels que rhéostats, conjoncteurs-disjoncteurs pour la charge des accumulateurs, etc., nécessités par des conditions spéciales.

Tous ces organes sont adaptés aux courants employés, continus ou alternatifs (Chap. VII).

Feeders.

Il arrive souvent que la station centrale est éloignée des différents groupes où doit se faire l'utilisation du courant. Dans ce cas, on constitue des artères d'alimentation (*feeders*) qui relient la station centrale aux centres secondaires des réseaux particuliers. C'est alors en ces points que la force électromotrice doit rester constante ; on s'en assure au moyen de fils fins placés en dérivation et aboutissant à la station centrale où ils passent dans un voltmètre.

Courants à haute tension.

Si l'on emploie des courants à haute tension, ce qui est le cas pour les grandes distances, on se sert de transformateurs pour élever la force électromotrice et réduire l'intensité dans les conducteurs de ligne et pour effectuer l'opération inverse dans les sous-stations à l'entrée des réseaux. Avec les courants continus, on se sert, dans ce but, de machines ou d'accumulateurs. Avec les courants alternatifs, on emploie les transformateurs et convertisseurs dont le principe a été indiqué dans le Chapitre X ; on les enferme de façon à empêcher tout accident provenant d'un contact accidentel.

Conducteurs.

Dans chaque cas, on calcule le diamètre des conducteurs de façon que leur résistance ne diminue pas trop l'intensité du courant ; d'autre part, il faut tenir compte de leur prix, qui augmente avec le diamètre, et qui peut atteindre une valeur considérable lorsque les conducteurs ont un grand développement; enfin, il est essentiel d'éviter que, par suite d'une trop grande résistance, les conducteurs s'échauffent outre mesure; car alors il peut se produire une fusion des isolants, d'où résultent des contacts entre les fils voisins, et des dérivations; il est même possible que la chaleur devienne assez forte pour être une cause d'incendie. On remédie à ce dernier inconvénient en donnant aux conducteurs une section suffisante, calculée d'après le nombre d'ampères qui doivent les traverser; ces chiffres sont fournis par des Tables où sont calculés, pour chaque diamètre et chaque intensité, le travail absorbé pour une certaine longueur de fil et la température à laquelle ce fil est porté. C'est ainsi que, par exemple, dans un kilomètre de fil de cuivre de 5^{mm} de diamètre, un courant de 10 ampères détermine une élévation de température de $0°,7$, avec une absorption de travail de 8^{kgm}, tandis qu'un courant de 90 ampères produit une élévation de température de $53°$ avec une absorption de travail de 707^{kgm}.

Étant donnée la perte de travail à laquelle on se résout par le fait de l'échauffement des conducteurs, on calcule, au moyen de ces Tables, le diamètre du fil à employer.

On trouvera dans le dernier Chapitre quelques exemples numériques indiquant les conditions de la pratique.

Pour des courants intenses, on emploie des câbles composés d'un grand nombre de fils, afin de conserver aux conducteurs la souplesse nécessaire à leur manipulation.

Les conducteurs de lumière électrique sont le plus souvent en cuivre pur, qui a une conductibilité très élevée; on l'emploie surtout dans les installations fixes et non aériennes, en l'isolant au moyen de caoutchouc, de gutta-percha, de tresses goudronnées ou paraffinées, etc., pour éviter les dérivations et les accidents.

Mais on peut être obligé de disposer les conducteurs en ligne aérienne sur des poteaux, soit dans le but d'éviter les dangers auxquels on est exposé en touchant les fils, même isolés, lorsqu'ils sont parcourus par un courant à grande force électromotrice, soit pour tout autre motif. On est alors amené, si l'on se sert du cuivre pur, qui a une faible résistance à la rupture (27^{kg} par millimètre carré), à disposer de supports très rapprochés, ce qui, pour une longue ligne, est une cause de grande dépense. Dans ce cas, on remplace maintenant les fils de cuivre pur par des fils de bronze silicieux, ou phosphoreux, ou chromé, etc., qui ont une plus grande résistance à la traction, avec une conductibilité un peu plus faible. C'est ainsi que certain bronze silicieux a une résistance à la traction de 53^{kg} par millimètre carré, en possédant encore une conductibilité égale à 0,88 du cuivre pur. On peut d'ailleurs faire varier à volonté la résistance à la rupture et la conductibilité de ces fils suivant les proportions de cuivre, d'étain et de silicium, phosphore ou chrome, qui entrent dans leur fabrication.

Une question importante est celle de l'isolement des conducteurs qui servent au transport à grande distance. Que ces canalisations soient placées dans des conduits souterrains, comme cela a lieu le plus souvent dans la traversée des villes, ou qu'elles soient sur poteaux, ce qui est le cas le plus général, le plus grand soin doit être apporté à la construction et à l'entretien des isolateurs qui supportent les conducteurs. La décharge entre le conducteur et le bois plus ou moins humide du poteau peut se faire soit au travers de la substance même de l'isolateur, soit le long de la surface, également humide, de ce dernier. On emploie généralement la porcelaine ou le verre, que l'on contourne de façon à produire des rigoles où l'on verse de l'huile; ce liquide, très bon isolant, s'oppose au passage superficiel de la décharge.

Exemples de distribution d'énergie.

Voici quelques exemples qui familiariseront le lecteur avec différentes solutions récentes de transport d'énergie.

A l'usine électrique de Boston, il s'agissait de réduire le nombre des moteurs à vapeur, qui se serait élevé à dix-huit pour actionner les trente-six dynamos Brush à courants continus nécessaires pour l'éclairage à arc. Pour cela on a constitué la source génératrice avec quatre dynamos à courants triphasés de 1500 kilowatts chacune et de 2200 volts. Ce courant est distribué dans trois sortes d'appareils : 1° dans dix-huit moteurs triphasés synchrones, qui actionnent les trente-six dynamos Brush, dont chacune alimente cent vingt-cinq lampes à arc en série; 2° dans des transformateurs qui réduisent la force électromotrice pour un éclairage à incandescence; 3° dans deux transformateurs rotatifs de courants alternatifs en courants continus, qui donnent du courant continu à 550 volts pour travail mécanique. Malgré ces transformations sur place, on obtient, paraît-il, un meilleur rendement qu'avec dix-huit moteurs à vapeur, et l'on réalise une économie d'installation et d'exploitation.

L'usine du Niagara comporte huit turbines qui fonctionnent sous une chute d'environ 50^m et dont chacune

produit 5000 chevaux. Chaque machine électrique donne
un courant diphasé de 2300 volts et 1550 ampères avec
une fréquence de 25 périodes par seconde. L'énergie est
distribuée à des lignes de tramways, à des usines électrochimiques produisant de l'aluminium, du chlorate
de potasse, etc., et en particulier à la ville de Buffalo,
distante de 43^{km}; pour ce transport, le courant diphasé
de 2300 volts est reçu dans des transformateurs qui le
modifient en un courant triphasé de 11000 volts, susceptible d'être élevé à une force électromotrice double.
D'autres transformateurs abaissent la force électromotrice à Buffalo pour l'éclairage en courant alternatif, et
des convertisseurs donnent du courant continu pour les
tramways.

Citons encore l'installation de la Société des Forces
motrices du Rhône, qui doit distribuer dans la ville de
Lyon l'énergie fournie par une chute du Rhône située à
Cusset, à environ 5^{km},500 du centre de la ville. Cette
usine doit recevoir seize machines génératrices, chacune
d'environ 1250 chevaux, et trois excitatrices de 250 chevaux. Les turbines font 120 tours par minute pour les
génératrices et 250 pour les excitatrices. Les génératrices
sont des machines Brown (*fig.* 59); elles développent
un courant triphasé de 3500 volts avec une fréquence de
50 périodes par seconde. Les excitatrices, dont chacune
suffit pour huit machines, donnent 1400 ampères et
120 volts. Le transport est effectué souterrainement au
moyen de feeders, qui sont formés chacun de trois conducteurs, isolés par du papier et de la toile imprégnés de
substances isolantes, placés sous une double enveloppe de
plomb que protègent deux rubans d'acier. La distribution de l'énergie dans la ville se fait au moyen de transformateurs. D'après le tarif pour l'éclairage, le prix du

kilowatt-heure varié de 0^{fr},80 pour les appartements à 0^{fr},50 pour l'éclairage public.

Le transport et la distribution de l'énergie par l'électricité prennent actuellement une énorme extension. Nous assistons à l'ouverture d'une ère nouvelle qui sera caractérisée, au point de vue industriel, par cette utilisation des immenses réservoirs d'énergie que la Nature met à notre disposition sous la forme de chutes d'eau dans les régions de montagnes. Aussi différents pays, parmi lesquels la France, ont-ils déjà reconnu la nécessité de réglementer la disposition des conducteurs afin d'éviter les accidents ainsi que les perturbations des communications télégraphiques et téléphoniques.

CHAPITRE XIV.

TÉLÉGRAPHIE.

Principe.

Appareil transmetteur, récepteur. — D'une manière générale, une communication télégraphique est constituée de la façon suivante : un appareil *transmetteur,* placé au poste de départ, envoie dans un appareil *récepteur,* disposé au poste opposé, par l'intermédiaire d'un fil conducteur, un courant électrique qui agit sur ce récepteur et lui fait produire un signal déterminé, qui dépend de la durée du passage du courant et de la nature des appareils.

Pour cela, le transmetteur est relié, d'une part à la ligne, d'autre part au pôle positif d'une source d'électricité, et le récepteur communique, d'un côté avec la ligne, de l'autre avec le pôle négatif de la source, soit au moyen d'un second fil, soit par l'intermédiaire de la terre.

Classification des appareils.

Les appareils peuvent se diviser en six groupes principaux (¹), d'après la nature des signaux transmis; ce

---

(¹) Nous avons adopté la classification de Du Moncel, et résumé quelques descriptions d'appareils d'après les Traités de ce savant électricien.

sont les appareils : 1° optiques ; 2° acoustiques ; 3° enregistreurs ; 4° imprimeurs ; 5° autographiques ; 6° parlants, ou téléphones, dont l'importance exige un Chapitre spécial.

Nous allons indiquer, en quelques mots, le principe de ces différents genres d'appareils, en insistant sur ceux qui sont le plus employés.

Nous décrirons ensuite les principaux systèmes imaginés pour augmenter la rapidité de la transmission.

1° *Appareils optiques.* — Dans cette première catégorie, à signaux optiques, figurent les différents télégraphes à cadrans et aiguilles.

Le plus connu est le télégraphe Breguet, qui est encore en usage aujourd'hui.

Le transmetteur est formé par un levier mobile autour du centre d'un cadran sur le bord duquel sont placés les lettres et chiffres dans leur ordre naturel ; lorsque le levier passe d'une lettre à la suivante, il se produit, au moyen d'un ressort frotteur, un contact qui détermine une émission de courant. Celui-ci traverse, au poste correspondant, un électro-aimant récepteur, qui actionne un levier ; ce dernier déclenche une roue dentée, qui est poussée par un mouvement d'horlogerie et qui entraîne une aiguille sur un cadran semblable à celui du transmetteur. Ainsi, à chaque passage du levier manipulateur d'une lettre à la suivante, il se produit un courant, qui fait avancer d'une lettre l'aiguille de l'appareil récepteur. Celle-ci suit donc tous les mouvements du levier transmetteur et indique, par suite, chaque lettre sur laquelle on arrête ce dernier.

Il faut encore faire entrer dans ce groupe les galvanomètres employés comme récepteurs, particulièrement dans les communications sous-marines ; les déviations de l'aiguille à droite et à gauche du zéro, produites par des courants de sens variable, servent à traduire les signaux en points et traits suivant l'alphabet Morse (*voir* plus loin). On peut, par exemple, convenir qu'une déviation à droite représente un point, et une déviation à gauche un trait.

2° *Appareils acoustiques.* — Dans les appareils acoustiques, on reçoit les dépêches au son produit par une armature de fer doux venant frapper contre un électro-aimant qui l'attire au moment du passage du courant. Il ne diffère de l'appareil Morse que par la suppression du système destiné à l'enregistrement des dépêches.

Pour renforcer le son, on monte l'électro-aimant sur un socle creux en bois.

Ces appareils, nommés *sounders* ou *parleurs*, sont fort employés en Amérique ; on s'en sert aussi en France, lorsqu'on veut donner une plus grande rapidité à la correspondance, et qu'on ne tient pas à garder trace des dépêches.

3° *Appareils enregistreurs.* — Ce groupe, très important, se subdivise en trois grandes classes.

Télégraphe Morse. — La première classe comprend les télégraphes dans lesquels la dépêche s'enregistre par une action mécanique.

Le type le plus connu est le Morse ; le principe de la communication est le suivant :

Soient deux postes A et B (*fig.* 74): chacun d'eux se compose d'un manipulateur transmetteur, d'un récepteur et d'une source d'électricité, afin que la transmission puisse se faire dans les deux sens.

Le manipulateur du poste transmetteur est formé d'un levier métallique, dont le pivot M communique avec la ligne, et dont les deux bras peuvent toucher deux butoirs métalliques; l'un de ceux-ci, P, est relié par un fil conducteur avec le pôle positif de la source électrique, et l'autre V communique avec le récepteur du même poste et avec la terre.

Une organisation identique est disposée au poste opposé.

Si l'on veut envoyer un signal, on appuie sur le bou-

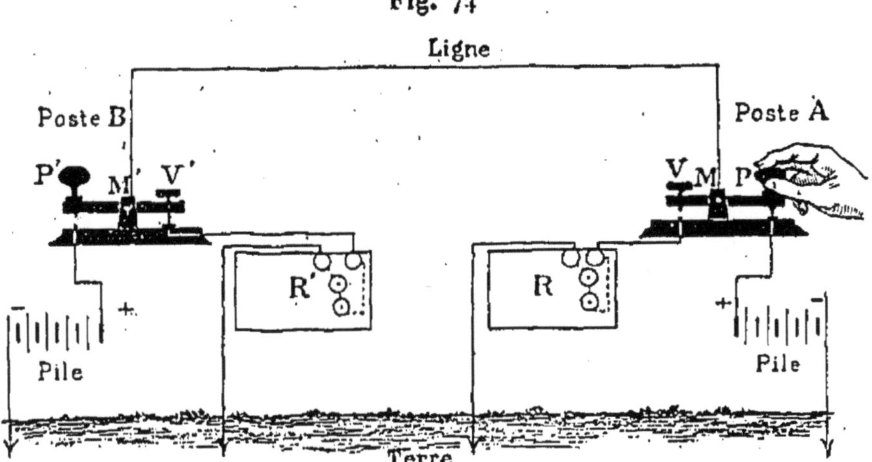

ton P du manipulateur; celui de l'autre poste reste dans la position de repos. Le courant, partant du pôle positif de la source, passe dans le manipulateur, puis dans la ligne, arrive dans le manipulateur du poste opposé, traverse le récepteur R', et revient au pôle négatif de la source, soit par un deuxième fil, soit, généralement, par la terre.

Le récepteur (*fig*. 75) se compose d'un électro-aimant E, qui, lorsque son fil est traversé par le courant, attire une lame de fer doux A fixée à l'une des branches d'un

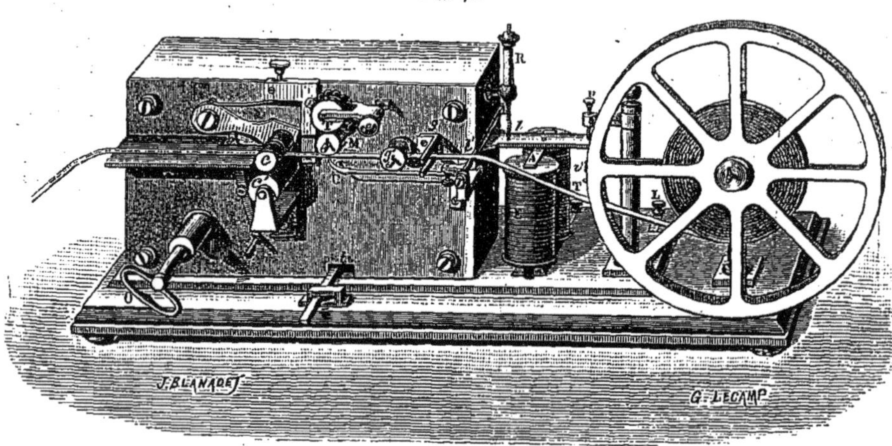

Fig. 75.

levier; celui-ci pivote, et son autre branche, munie d'un couteau C, vient appuyer une bande de papier contre une pointe qui la gaufre, ou contre une roulette enduite d'encre qui laisse une trace sur le papier. La bande de papier se déroule avec une vitesse uniforme sous l'action d'un mouvement d'horlogerie qui entraîne le papier par le frottement des cylindres C, C'.

Lorsque le manipulateur de A passe à la position de repos, le courant est interrompu, l'électro-aimant du récepteur R' lâche son armature, et le couteau, sous l'action d'un ressort antagoniste, cesse de presser la bande de papier.

En appuyant plus ou moins longtemps sur le manipulateur de A, on fait passer le courant plus ou moins longtemps dans le récepteur de B, et l'on détermine, par suite, sur la bande de papier, des traces plus ou moins longues, qui, combinées convenablement entre elles et avec les intervalles qui les séparent, reproduisent les signaux de l'alphabet Morse.

Ce télégraphe, de construction simple et de manœuvre facile, est en usage sur toutes les lignes ordinaires.

Télégraphe Wheatstone. — La deuxième classe comprend les télégraphes à transmission automatique, dont le type le plus parfait est le rapide de Wheatstone.

Les dépêches sont composées d'avance, soit sur une bande de papier percée de trous dont la disposition et le nombre sont combinés de façon à reproduire les différentes lettres de la dépêche suivant l'alphabet Morse, soit au moyen de types en relief distribués comme des caractères d'imprimerie et assemblés dans un composteur. Les dépêches ainsi préparées sont entraînées d'un mouvement uniforme par un mécanisme d'horlogerie.

La bande de papier glisse entre un butoir et un ressort métalliques qui constituent le transmetteur ; si l'on emploie les types en relief, ils frottent sur un ressort fixe en passant successivement devant lui ; il s'établit ainsi des contacts par lesquels passe un courant toutes les fois et pendant tout le temps qu'un trou de papier ou qu'un type en relief se trouve en face du ressort. Toutes ces émissions de courant sont enregistrées, avec leur durée, au poste opposé, sur la bande de papier du récepteur comme dans le système Morse.

Télégraphe chimique. — La troisième classe est formée par les appareils électrochimiques.

Le transmetteur est soit le manipulateur à main de Morse, soit le manipulateur automatique Wheatstone. Le récepteur ne comporte plus d'électro-aimants, mais seulement le mouvement d'horlogerie qui entraîne la bande de papier ; celle-ci se déroule entre deux pointes placées dans le circuit et formant récepteur.

Le papier est imprégné d'une substance qui le rend bon conducteur et qui est susceptible de se colorer sous l'influence du courant ; on emploie certaines solutions à base de ferrocyanure de potassium, d'iodure de potassium, de peroxyde de manganèse, etc.

La pointe traçante est un fil de fer ou de platine.

Suivant que le courant passe ou ne passe pas, on obtient des traces colorées ou des intervalles blancs, dont la longueur correspond à la durée de passage ou d'interruption du courant.

Ces télégraphes, inventés par Bain, fonctionnent avec de faibles courants.

Alphabet Morse. — Dans tous les systèmes de ce

groupe, on emploie l'alphabet Morse, composé de points et de traits comme il est indiqué dans le Tableau ci-dessous :

LETTRES.

a	· —	n	— ·
b	— · · ·	o	— — —
c	— · — ·	p	· — — ·
d	— · ·	q	— — · —
e	·	r	· — ·
é	· · — · ·	s	· · ·
f	· · — ·	t	—
g	— — ·	u	· · —
h	· · · ·	v	· · · —
i	· ·	w	· — —
j	· — — —	x	— · · —
k	— · —	y	— · — —
l	· — · ·	z	— — · ·
m	— —	ch	— — — —

CHIFFRES.

1	· — — — —	6	— · · · ·
2	· · — — —	7	— — · · ·
3	· · · — —	8	— — — · ·
4	· · · · —	9	— — — — ·
5	· · · · ·	o	— — — — —

Il existe, en outre, des indications de service.

4° *Appareils imprimeurs.* — Les appareils imprimeurs se divisent en trois classes.

Télégraphes à échappement. — La première classe comprend les télégraphes à échappement, qui diffèrent des télégraphes à cadran en ce sens que l'aiguille indicatrice est remplacée par une roue qui se meut par saccades et qui porte sur son pourtour les caractères de

l'alphabet en relief. On fait arriver, par une série d'é-
chappements, le caractère voulu devant un repère, et un
mécanisme électromagnétique l'imprime sur la bande de
papier qui passe au-dessus de ce repère, en faisant avancer
la bande de l'intervalle d'une lettre à chaque impression.

Ces appareils sont peu employés.

Télégraphes à mouvements synchroniques. — Dans
la deuxième classe, le transmetteur et le récepteur comportent une roue avec caractères d'imprimerie, comme
dans le système précédent; ces deux roues tournent,
aux deux postes, d'un mouvement uniforme et tel que
le repère fixe se trouve, à chaque instant dans les deux
appareils, en face de la même lettre; il faut une parfaite
concordance, un parfait synchronisme entre les deux
mouvements.

Au moment où le caractère à transmettre passe devant
le repère du transmetteur, on produit une émission de
courant, et la même lettre s'imprime aux deux stations
en même temps.

Pour corriger les retards qui peuvent résulter de
cette impression au vol, les appareils perfectionnés sont
munis d'une roue correctrice qui rétablit les choses
dans leur état normal après chaque impression.

Le type le plus important de cette classe est le télégraphe Hughes, qui est d'un usage répandu.

Télégraphes à mouvements électrosynchroniques.—
Cette troisième classe est une combinaison des deux
précédentes; il y a, à la fois, échappements et mouvements synchroniques; ceux-ci s'effectuent par saccades,
et il se produit un temps d'arrêt très court au moment
des impressions.

Cette classe est peu employée.

5° *Appareils autographiques.* — Ces appareils permettent de reproduire les traits d'un dessin, et, en particulier, de l'écriture.

Télégraphes Caselli et d'Arlincourt. — Les télégraphes Caselli et d'Arlincourt, qui sont les plus importants de ce groupe, sont fondés sur le principe suivant.

Si un courant traverse un contact formé par une pointe métallique reposant sur un papier métallique, qui porte, à l'encre, le dessin ou l'écriture à transmettre, et si l'on promène cette pointe sur le papier, le courant est interrompu chaque fois que la pointe passe sur l'encre; cette interruption peut être reproduite, à la station d'arrivée, sur un papier électrochimique à la surface duquel se meut une autre pointe synchroniquement avec la première, En faisant mouvoir la pointe traçante dans tous les sens, on obtient, au poste destinataire, une série de points dont l'ensemble représente le dessin ou l'écriture à transmettre.

Il existe un assez grand nombre d'autres systèmes de ce genre; mais ils ne sont pas encore d'un usage pratique.

Transmission multiple.

Les systèmes à transmission multiple ont pour but d'augmenter dans une grande proportion le nombre de dépêches transmises dans un temps donné.

On obtient ce résultat en transmettant par le même fil :

1° Soit *deux dépêches simultanément dans les deux sens :* c'est le système *duplex;*

2° Soit *deux dépêches simultanément dans un sens :*
c'est le système *diplex;*

3° Soit *plusieurs dépêches simultanément dans un
sens;*

4° Soit *deux ou plusieurs dépêches successivement,
mais à intervalles très courts, dans un sens.*

1° *Système duplex.* — Dans le système duplex, deux
opérateurs transmettent en même temps dans les deux
sens par un même fil. Il faut, pour cela, que le récepteur
de chaque poste communique d'une façon continue avec
la ligne.

Prenons, par exemple, l'appareil Morse; on placera
directement l'électro-aimant récepteur sur la ligne, en
maintenant la communication de la bonne réceptrice du
manipulateur avec la terre (*fig.* 76); mais alors, lorsque le

Fig. 76.

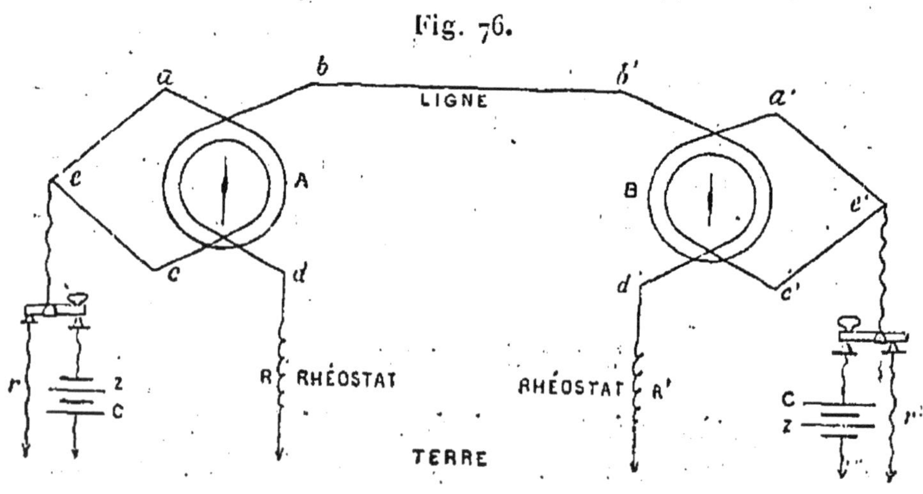

manipulateur sera dans la position d'envoi d'un courant,
celui-ci traversera le récepteur du même poste et l'ac-
tionnera; pour éviter cet inconvénient, il suffit d'enrouler autour de l'électro-aimant, en sens inverse, deux fils,

l'un *eab* placé dans la ligne, l'autre *ecd* communiquant d'un côté avec l'axe du manipulateur et de l'autre côté avec la terre. Le courant émis par le poste se partage alors entre ces deux fils; si les deux courants dérivés ont la même intensité, ils déterminent dans l'électro deux aimantations égales et de sens contraires qui s'annulent; le récepteur reste alors muet pour tout courant émanant du poste même. Pour que les deux courants aient la même intensité, il faut donner au deuxième circuit une résistance égale à celle de la ligne et des appareils qui y sont placés. On y arrive au moyen d'une résistance artificielle R, nommée *rhéostat*, intercalée dans ce deuxième circuit.

Que le manipulateur soit dans la position d'action ou de repos, le courant venant du poste opposé traverse le récepteur par le fil de ligne, et se rend à la terre.

Le montage en duplex d'un poste Morse est indiqué dans la *fig.* 76. Il s'emploie pour les lignes courtes.

Lorsqu'on a affaire à une longue ligne, le deuxième fil de l'électro-aimant doit avoir une très grande résistance; mais il se produit dans cette longue ligne des phénomènes de condensation qui exigent l'emploi de condensateurs.

2° *Système diplex.* — Ce système est fondé sur les variations d'intensité qu'on peut obtenir par l'emploi de deux manipulateurs envoyant, lorsqu'ils fonctionnent isolément, deux courants d'un certain sens et d'une certaine intensité et, lorsqu'ils fonctionnent en même temps, un troisième courant différent des deux premiers. Les deux récepteurs doivent être organisés de telle sorte que l'un soit sensible au premier courant, l'autre au deuxième, et tous les deux au troisième.

Il existe un grand nombre de dispositions de ce genre; nous prendrons pour exemple le système Edison.

L'un des deux récepteurs de chaque poste n'est actionné que par des courants d'un certain sens (appelons-le *positif*), d'une intensité égale ou supérieure à une certaine valeur $+ I$; l'autre ne fonctionne qu'avec des courants égaux au moins à $3I$, dans un sens ou dans l'autre.

Le poste de départ comprend deux manipulateurs et deux piles, dont l'une a deux fois plus d'éléments que l'autre. Le courant de la petite passe seul lorsque les deux manipulateurs sont au repos et envoie sur la ligne un courant négatif $- I$, qui n'agit sur aucun des récepteurs. Si le premier des manipulateurs est seul abaissé, les deux piles s'ajoutent et produisent un courant $- 3I$, qui actionne le deuxième récepteur. Si le deuxième manipulateur est seul abaissé, il envoie le courant de la petite pile $+ I$ qui fait fonctionner le premier récepteur.

Enfin, si les deux manipulateurs sont abaissés ensemble, les deux piles réunies envoient un courant $+ 3I$ qui fait fonctionner les deux récepteurs.

En combinant le duplex et le diplex, on obtient un système dit *quadruplex*, avec lequel on peut échanger en même temps quatre dépêches par un même fil, deux dans un sens, deux dans l'autre. Le quadruplex est employé en Angleterre et en Amérique.

3° *Systèmes à transmission multiple simultanée.* — Il est possible d'envoyer simultanément par un même fil, dans le même sens, un grand nombre de dépêches, à la condition de disposer, au poste destinataire, de récepteurs capables d'en opérer le triage sans confusion. Les télégraphes harmoniques remplissent ce but.

Au poste de départ sont disposés plusieurs électro-aimants dont chacun entretient, au moyen d'une pile, locale et d'un interrupteur, le mouvement vibratoire d'une lame élastique; les vibrations de ces lames sont telles que celles-ci rendent chacune un son différent. Près de chaque lame est fixé un butoir avec lequel elle se trouve en contact à chaque vibration. Ce contact est intercalé dans un fil faisant communiquer la pile avec la ligne par l'intermédiaire d'un manipulateur Morse. On peut donc envoyer dans la ligne des courants qui vibrent synchroniquement avec ces différentes lames, et mani-puler chacun de ces courants ondulatoires comme on manipule le courant constant du télégraphe Morse.

Ces courants sont reçus, au poste opposé, par autant d'électro-aimants, ayant comme armatures des lames susceptibles de vibrer synchroniquement avec celles du poste de départ. Les récepteurs sont tous traversés par les mêmes courants, mais chaque lame ne rend un son, que si le courant qui traverse son électro-aimant déter-, mine des vibrations concordantes avec les vibrations naturelles de la lame; elle reste muette pour tous les courants qui ne remplissent pas cette condition, et le triage des dépêches se fait ainsi automatiquement. Celles-ci sont reçues au son.

Ce système n'est employé qu'en Amérique; il com-porte un grand nombre de variétés. Tels sont les télé-graphes harmoniques d'Elisha Gray, de Varley, etc.

En France, M. Mercadier a modifié ce dispositif en remplaçant les électro-aimants par des diapasons ac-tionnés électriquement d'une façon analogue aux son-neries électriques et par des téléphones dont les plaques ne rendent que des sons bien déterminés.

4° *Systèmes à transmission multiple successive.* — Ces systèmes ont pour but d'utiliser le temps qui est perdu dans les transmissions simples par l'opération matérielle de l'envoi des signaux. Ainsi, avec l'appareil Morse, sur la durée d'une seconde environ mise par le télégraphiste à préparer et à faire un signal, $\frac{1}{6}$ suffit pour que le courant le transmette. On peut donc, sur une seconde, retirer la ligne pendant $\frac{5}{6}$ de seconde à un employé pour la donner successivement à cinq autres employés. Une aiguille tourne d'un mouvement uniforme sur un cadran divisé en six parties; quand elle passe sur la première, la ligne appartient à l'appareil n° 1, et ainsi de suite. A l'autre extrémité de la ligne, une deuxième aiguille tourne synchroniquement avec la première et répète la même répartition, de sorte que les signaux venant du transmetteur n° 1 arrivent au récepteur n° 1 et ainsi de suite. Chaque employé profite des moments où il n'a pas la ligne pour préparer son signal de façon à l'envoyer dans celle-ci dès qu'elle lui est ouverte.

Le système Meyer s'applique au Morse.

Le système Baudot est fondé aussi sur ce principe de répartitions successives de la ligne entre plusieurs employés.

Ces deux appareils sont d'un emploi répandu en France, particulièrement sur les longues lignes à grand trafic. Le détail de leur organisation, surtout en ce qui concerne le Baudot, est trop compliqué pour trouver place ici.

Rapidité de transmission.

Le Tableau ci-dessous permet de comparer la rapidité de transmission des principaux systèmes télégraphiques dont nous venons de parler, sur une ligne aérienne de 700^{km} ; on suppose que chaque dépêche se compose d'une vingtaine de mots :

	Dépêches à l'heure.
Morse en simple..............................	25
» en duplex.............................	45
Wheatstone **en simple**	90
» en duplex.......................	160
Hughes en simple	60
» en duplex.......................	110
Meyer, à quatre claviers...................	100
Baudot, à six claviers	240

Accessoires des postes.

Outre les appareils transmetteurs et récepteurs, chaque poste comporte différents accessoires, dont les plus importants sont : les *sonneries*, les *commutateurs*, les *galvanomètres*, les *paratonnerres* et les *relais*.

Sonnerie. — La sonnerie dite *trembleuse* (*fig.* 77) se compose d'un électro-aimant BB', dont l'armature A est fixée à un ressort *r* et porte un autre ressort R en contact avec un butoir P, qui est relié à la ligne par la borne L. Une extrémité du fil des bobines de l'électro est attachée à l'armature ; l'autre communique avec la terre ou le fil de retour par la borne T. Lorsque le courant passe, l'armature est attirée, le ressort R quitte le butoir P, et le courant est interrompu ; alors le ressort *r* ramène la tige à la position initiale. Il se produit ainsi une série d'oscillations de l'armature et, par suite, de battements du marteau sur le timbre, pendant tout le temps que le courant traverse la sonnerie (¹).

Fig. 77.

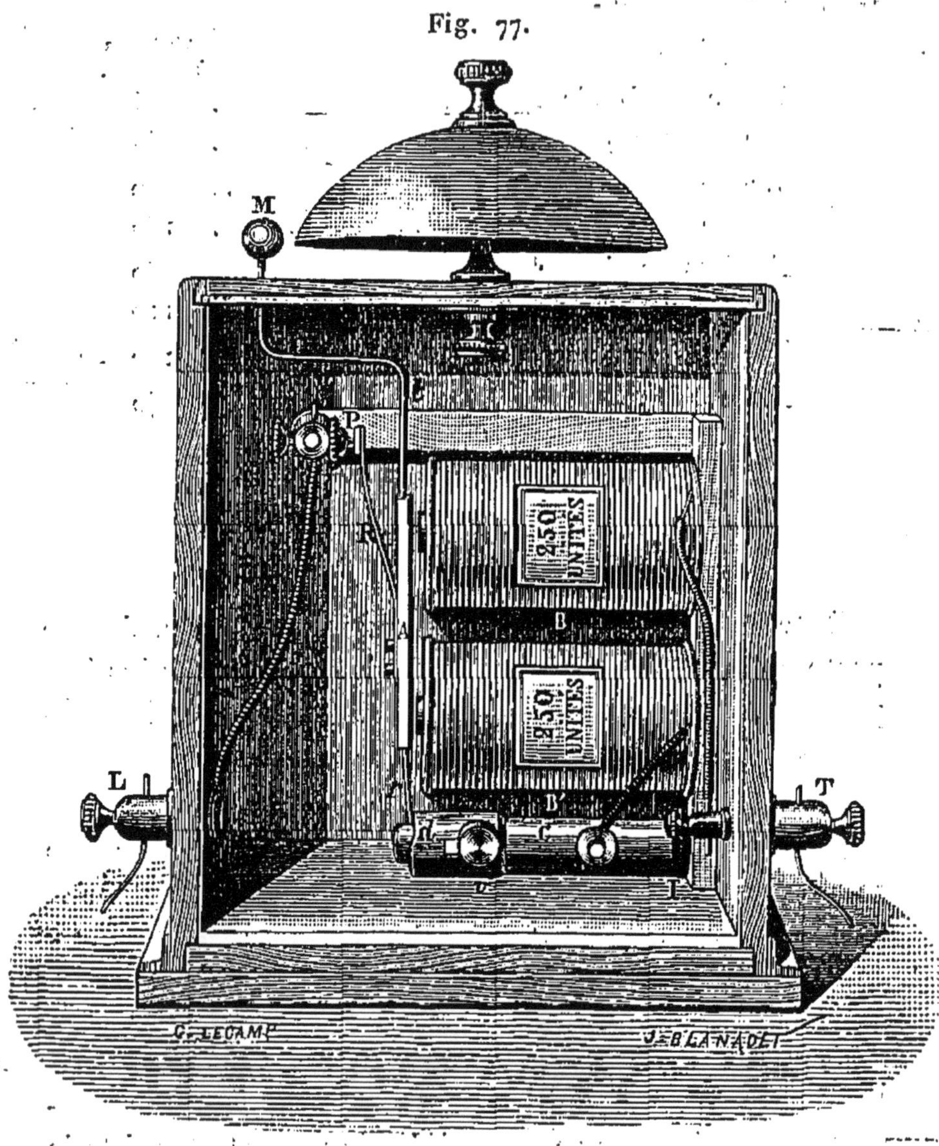

(¹) Les *fig.* 27, 31, 32, 74, 75 et 77 sont extraites des *Leçons élémentaires de Télégraphie électrique*, de MM. MICHAUT et GILLET. 2ᵉ édition. In-18 jésus; 1895 (Paris, Gauthier-Villars).

Commutateur. — Un commutateur permet d'établir des communications entre différents conducteurs par un simple déplacement de ressorts ou de chevilles métalliques, qui mettent en relation des pièces de cuivre auxquelles ces conducteurs aboutissent.

Galvanomètre. — Le galvanomètre sert à constater le passage du courant et à mesurer son intensité (*voir* Chap. VII).

Paratonnerre. — Les paratonnerres sont destinés à préserver les opérateurs et les appareils en cas d'orage; lorsqu'il y a danger, on y fait passer le courant qui arrive de la ligne. Ils sont fondés généralement sur le pouvoir des pointes.

L'un des plus employés consiste en deux plaques portant, l'une des stries longitudinales, l'autre des stries transversales, ces deux systèmes étant en face l'un de l'autre et séparés par $\frac{1}{2}$ millimètre.

Ces stries se comportent comme des pointes et facilitent l'écoulement des charges électriques accumulées dans la ligne.

Relais. — Lorsqu'une ligne est trop longue et trop résistante, le courant lancé dans cette ligne ne possède plus l'intensité nécessaire pour actionner les appareils récepteurs placés à l'autre extrémité. Dans ce cas, on lui donne à mettre en mouvement, à une station intermédiaire, au moyen d'un électro-aimant, une petite palette légère qui, venant à chaque attraction au contact d'un butoir fixe, permet d'envoyer dans la ligne qui se prolonge le courant d'une pile de renfort. On constitue ainsi un *relais*.

Lignes.

Les lignes sont *aériennes, souterraines* ou *sous-marines*.

Lignes aériennes. — La plus grande partie des lignes continentales est aérienne, c'est-à-dire disposée sur des poteaux; le retour se fait par la terre. On a soin de disposer les fils sur des isolateurs, généralement en porcelaine, pour diminuer le plus possible les dérivations qui peuvent se produire entre chaque ligne et la terre par les supports.

La ligne est formée le plus souvent de fil nu en fer galvanisé, de $0^m,004$ à $0^m,005$ de diamètre, présentant une résistance de 40^{kg} environ à la traction, par millimètre carré. Pour le fil de $0^m,004$ la résistance électrique est de 10 ohms environ par kilomètre, et le poids de 100^{kg} par kilomètre.

Les fils de cuivre sont préférés pour les longues transmissions à cause de leur haute conductibilité.

On emploie aussi des fils de bronze silicieux et phosphoreux dont la résistance à la traction est de 70^{kg} à 90^{kg} par millimètre carré; à résistance électrique équivalente, ils pèsent trois fois moins que les fils de fer en usage. Il y a donc économie au point de vue du nombre des supports.

Rôle de la terre. — La mise à terre se fait, à chaque poste, au moyen de plaques, ordinairement en fer, enterrées à une profondeur d'un mètre environ, et exige de grandes précautions. La terre, en effet, entre deux stations, se compose de parties solides et liquides, et peut être considérée comme un électrolyte dont les plaques de mise à terre constituent les électrodes. Des effets électrolytiques peuvent donc se manifester dans tout circuit télégraphique avec retour par la terre, et déterminer des forces électromotrices et des résistances qui dépendent de l'état du terrain, ainsi que de la nature et des dimensions des plaques.

D'après M. du Moncel, la distance maximum des électrodes, pour laquelle s'exerce l'influence des conductibilités variables des différentes parties de l'écorce terrestre, dépend de la surface des électrodes et de la nature du conducteur terrestre; pour les cours d'eau à grande largeur et à fonds perméable, cette distance limite est de 200^m à 300^m, avec des électrodes de $0^{mq},05$ en contact avec le liquide; dans ces conditions, la résistance du cours d'eau est égale à celle du sol lui-même et a une valeur de 4^{km} à 5^{km} de fil de fer télégraphique; un fil de retour est préférable dans ce cas, et, en général, lorsque les deux stations sont éloignées de moins d'un kilomètre.

Il faut tenir compte aussi des différences d'état qui peuvent exister entre les deux électrodes. Si l'une est plus attaquée que l'autre par l'eau dont la terre est imprégnée, il se produit une pile dont l'électrode la plus attaquée forme le pôle négatif, et l'autre le pôle positif; il en résulte dans le fil un courant capable de gêner les communications.

Le passage du courant télégraphique peut déterminer sur les électrodes de mise à terre des effets de polarisation qui augmentent la résistance et donnent lieu à des courants secondaires.

Une différence de température entre les deux plaques

engendre aussi un courant, qui va de la plus chaude à la plus froide en passant par le fil.

On voit donc que des courants perturbateurs (appelés courants *telluriques*) et des résistances considérables peuvent résulter d'une mauvaise mise à terre; pour se placer dans les meilleures conditions, on prendra des plaques de même nature, ayant la plus grande surface possible, et on les plongera dans des terrains humides présentant le même état.

Courants terrestres. — Il existe encore une autre cause de trouble dans les lignes télégraphiques; elle est due aux courants qui circulent dans l'enveloppe terrestre. Les lois qui régissent ces courants terrestres ont été étudiées par M. Blavier.

Les phases de ces courants sont identiques pour les fils différents d'une même ligne, mais l'intensité varie suivant la longueur des fils; les courants sont différents sur des fils dont l'orientation n'est pas la même; les perturbations sont simultanées sur la plupart des lignes. Toute perturbation accusée par les appareils qui enregistrent les variations du magnétisme terrestre correspond à des courants accidentels sur les lignes électriques. Les variations de la déclinaison concordent avec les courants des lignes du nord au sud, et les variations de l'inclinaison avec les courants des lignes de l'est à l'ouest. On peut en conclure que les courants terrestres sont des courants induits dus aux variations du magnétisme terrestre.

Une augmentation de la déclinaison est due au développement soit d'un courant extérieur à la terre, allant du sud au nord, soit d'un courant souterrain allant du nord au sud; or à cette augmentation correspond toujours un courant induit qui marche du nord au sud; le courant qui produit cette induction et qui fait dévier l'aiguille aimantée marche donc du sud au nord et doit exister dans l'atmosphère. Les variations de l'inclinaison conduisent, de la même façon, à admettre l'existence du courant inducteur dans l'atmosphère.

Isolement. — Malgré toutes les précautions prises pour l'isolement, il existe toujours sur les grandes lignes télégraphiques des dérivations entre les fils et la terre. Ainsi, pour une distance de 500^{km}, l'intensité du courant reçu varie entre 20 et 75 pour 100 de celle du courant transmis, suivant les conditions d'isolement. Cet isolement ne doit pas être inférieur à 300 000 ohms par kilomètre, c'est-à-dire que la somme des résistances des dérivations entre le fil et la terre par les supports ne doit pas être inférieure à cette valeur pour chaque portion de ligne de 1^{km}.

Lignes souterraines. — Afin de soustraire les lignes télégraphiques aux accidents fréquents qui résultent des troubles atmosphériques, du verglas, des orages, etc., et aussi afin de rendre leur destruction moins facile en temps de guerre, l'Allemagne et la France ont organisé un réseau souterrain entre certains centres importants. En France, le câble se compose de sept fils de cuivre de 0^{mm},5 à 0^{mm},7 de diamètre, isolés à la gutta-percha et enveloppés de ruban goudronné; le tout est entouré d'une gaine protectrice en plomb ou d'une armature en fils de fer galvanisés.

Lorsqu'on lance un courant dans un câble ainsi constitué, la charge s'y répand progressivement; dans chaque section, il se forme un condensateur dont le conducteur, d'une part, et l'enveloppe métallique ou la terre, d'autre part, sont les deux armatures, l'isolant jouant le rôle de diélectrique. La charge du conducteur dans chaque section en détermine une de nom contraire, par influence, sur l'autre armature ; ces charges vont en augmentant des deux côtés du diélectrique, jusqu'à ce que le condensateur ainsi formé par chaque portion de câble ait atteint sa limite de charge, qui dépend, comme nous l'avons vu, de la capacité du condensateur, de la force électromotrice dans la portion considérée et de la capacité inductive du diélectrique. On conçoit que le temps nécessaire pour que la charge du câble ait atteint sa limite à l'extrémité opposée soit appréciable, et qu'il puisse résulter, du fait de la condensation, un retard assez grand entre le moment où un poste produit un signal et celui où le courant arrive au poste opposé avec l'intensité suffisante pour actionner le récepteur.

Le même retard a lieu au moment de l'interruption du courant, parce que la décharge se fait aussi graduellement.

Pour atténuer autant que possible cet inconvénient, on envoie dans la ligne, après chaque émission de courant, un courant de sens contraire pendant un temps très court, soit d'une station, soit des deux stations à la fois ; ou bien encore, afin d'accélérer la décharge, on fait communiquer les deux extrémités de la ligne avec la terre.

Quoi qu'il en soit, un retard subsiste, qui amènerait une confusion si les signaux étaient trop rapprochés, parce que la ligne n'aurait pas le temps de se décharger avant l'émission de la charge suivante. On est forcé d'opérer seulement sur de faibles longueurs de câbles et d'établir des relais.

Lignes sous-marines. — Les câbles sous-marins se composent d'un conducteur formé de plusieurs fils de cuivre, d'un diélectrique en chanvre goudronné et d'une armature en fil d'acier (*fig.* 78). Les éléments électriques sont les suivants par mille marin (1852ᵐ) :

Résistance du conducteur......   4 à 12 ohms.
Isolement du diélectrique......   300 à 700 mégohms.
Capacité..................   0,300 à 0,350 microfarad.

Les phénomènes de condensation sont encore plus prononcés sur les câbles sous-marins, qui ont des lon-

Fig. 78.

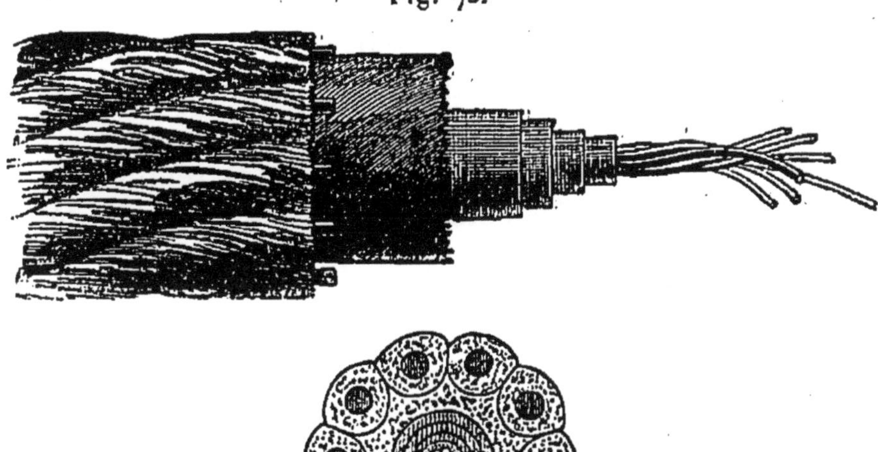

gueurs et des capacités bien plus considérables que les lignes souterraines.

Comme l'établissement de relais est alors impossible, il faut employer un autre artifice.

On donne aux émissions de courant une durée constante, et l'on envoie dans le câble une charge, positive par exemple, pour produire un point, et une charge de

nom contraire pour produire un trait; à la station destinataire, ces charges sont reçues dans un galvanomètre
dont elles font dévier l'aiguille dans un sens ou dans
l'autre. Comme les charges qui parviennent à l'extrémité d'un câble dont la longueur s'évalue en milliers de
kilomètres sont très faibles, on emploie un galvanomètre
très sensible, celui de Thomson avec miroir (*voir*
Chap. VII).

Mais les lignes sous-marines sont souvent troublées
par des courants provenant d'actions extérieures, et, en
particulier, de courants terrestres. M. Varley a donné
le moyen d'y remédier, en intercalant dans la ligne des
condensateurs AB, *ab*, dont chaque armature est reliée à l'un des côtés du conducteur (*fig.* 79).

Lorsqu'on fait communiquer une des extrémités du
conducteur avec un des pôles de la source d'électricité,

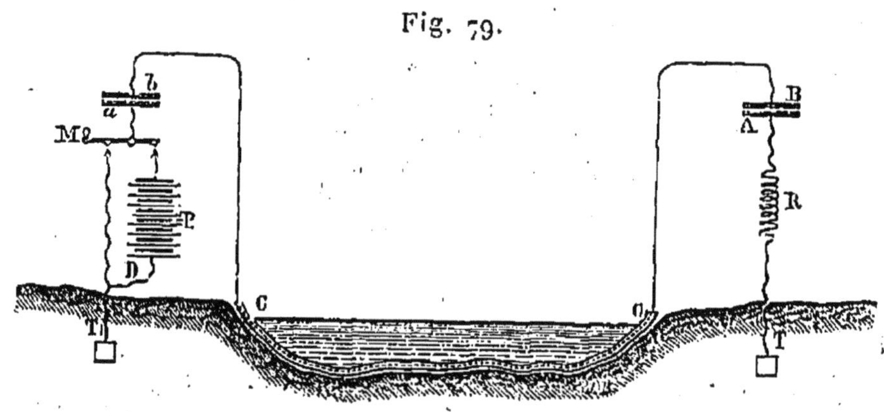

Fig. 79.

pôle + par exemple, une charge positive se transmet à
l'armature correspondante du condensateur; cette charge
détermine une charge négative sur l'autre armature du
condensateur et une charge positive à l'autre extrémité
du câble. Si l'on supprime la communication du conduc-

teur avec la source, le condensateur se décharge, l'autre extrémité du câble revient à l'état naturel, et ainsi de suite.

Les courants dus aux actions extérieures sont arrêtés; de plus, comme ces actions varient d'une façon progressive, elles n'affectent pas les condensateurs.

On dispose ces appareils tantôt à une seule station, tantôt aux deux.

Avec le galvanomètre à miroir, la rapidité de transmission sur les câbles transatlantiques est de 12 à 15 mots par minute.

On peut appliquer à ce genre de communication le système duplex.

Sources d'électricité.

Comme l'intensité nécessaire pour faire fonctionner un appareil récepteur est peu considérable (pour le Morse, il suffit de 3 à 8 milliampères), on se contente généralement, en Télégraphie, de piles comme sources d'électricité. Lorsque le service est très chargé, on emploie des piles constantes, comme la pile Daniell et ses variétés; lorsque, au contraire, le service est intermittent, on prend des piles plus énergiques, dont il faut un moins grand nombre d'éléments, et capables de se dépolariser rapidement; la pile Leclanché est très employée dans ce cas.

Enfin, si l'on veut une plus grande intensité, on se sert de piles au bichromate de potasse, d'accumulateurs et de machines. Ces appareils à production de grandes quantités d'électricité sont déjà employés dans un certain nombre de stations à grand trafic; ils ont l'avantage

de permettre l'alimentation de toutes les lignes partant
de chaque station au moyen d'un petit nombre de
sources puissantes, plus faciles à entretenir et à sur-
veiller qu'un grand nombre d'éléments de pile à faible
débit.

Télégraphe sans fil.

Le télégraphe sans fil dérive de l'étude des radioconducteurs de M. Branly (p. 158) par les recherches
de M. Lodge, de M. Popoff, et surtout de M. Marconi.
En voici le principe dans toute sa simplicité :

Au poste de départ, une forte bobine Ruhmkorff, ali-
mentée par quelques accumulateurs, est reliée à deux
sphères de cuivre entre lesquelles peut jaillir l'étincelle ;
l'une est en communication avec une des bornes de
l'induit et avec un conducteur vertical, l'autre avec
l'autre borne et une forte capacité, comme la terre.

Au poste d'arrivée, le récepteur se compose d'une
couche mince de limaille métallique (M. Marconi emploie un mélange de nickel et d'argent) comprise entre
deux pièces de métal à l'intérieur d'un tube en matière
isolante telle que verre, ivoire, etc. ; si l'on a fait le
vide dans le tube, un simple contact suffit ; si l'on opère
dans l'air, il est nécessaire de comprimer légèrement la
limaille. Celle-ci est reliée à un conducteur vertical,
puis intercalée dans un circuit qui comprend un élément
Leclanché et une sonnerie électrique. Au repos, la
résistance de la limaille s'oppose au passage du courant.

Si l'on produit, au poste de départ, une décharge de
la bobine entre les deux sphères, les oscillations hert-
ziennes développées le long du conducteur vertical de

départ sont transmises dans l'espace et recueillies par le conducteur vertical d'arrivée, d'où elles se rendent dans la limaille, qui devient conductrice. Aussitôt le courant de la pile s'établit et fait fonctionner la sonnerie. Un choc sur le tube à limaille rétablit la résistance primitive et fait cesser le courant; et ainsi de suite. Dans le dispositif Popoff, c'est le marteau même de la sonnerie qui vient frapper le tube. Si donc on manipule le courant primaire de la bobine, les signaux Morse seront reproduits au poste d'arrivée. Pour les enregistrer, on met dans le circuit du tube à limaille, non plus la sonnerie, mais un relais, qui ferme un deuxième circuit comprenant une pile, la sonnerie et un appareil récepteur Morse.

Comme la limaille est sensible à toutes les étincelles qui se produisent dans son voisinage, il est essentiel d'absorber celles de la sonnerie et des autres appareils, en disposant un condensateur (comme dans la bobine Ruhmkorff) ou une résistance liquide en dérivation sur chaque contact à étincelle.

La portée de ce genre de communication augmente rapidement avec la hauteur des conducteurs verticaux, et se compte actuellement par quelques dizaines de kilomètres. Il n'y a évidemment pas à le comparer avec les systèmes télégraphiques décrits plus haut; mais, en raison de l'absence de fils de ligne, il est appelé à rendre de grands services dans des cas spéciaux, par exemple entre la terre et des îles, entre navires, etc., et au point de vue militaire.

CHAPITRE XV.

TÉLÉPHONIE. — MICROPHONIE.

Téléphones magnétiques.

Principe. — On appelle, en général, *téléphone* tout appareil capable de transmettre la parole à distance.

Au point de vue électrique, un téléphone se compose d'un barreau aimanté autour d'un ou de chacun des pôles duquel est enroulée une bobine de fil fin; en face des pôles actifs, et dans leur champ magnétique, est fixée, par ses bords, une plaque de fer-blanc, de telle sorte que sa partie centrale puisse vibrer sous l'influence d'ondes sonores transmises par l'air.

Tout cet ensemble est contenu dans une boîte en bois ou en métal non magnétique, et une disposition spéciale, formée généralement d'une vis, permet de régler l'appareil en écartant plus ou moins la plaque de l'aimant.

Ces téléphones à aimants sont dits *magnétiques*, afin de les distinguer des téléphones à piles, qu'on appelle aussi *microphones,* et que nous étudierons plus loin; toutes les fois que nous parlerons de téléphone, sans aucune spécification, nous aurons en vue un téléphone magnétique.

Considérons deux téléphones A et B (*fig.* 80), placés à une certaine distance l'un de l'autre, et unissons, au

moyen de deux fils, les extrémités du fil de la bobine A
aux extrémités de celui de la bobine B. Si l'on parle devant la plaque de l'un d'eux, A par exemple, les vibrations sonores transmises par l'air se communiquent à
cette plaque dont la partie centrale, sous cette action,
s'approche et s'éloigne alternativement du pôle actif de
l'aimant suivant l'articulation de la voix; il en résulte
des variations dans le champ magnétique et dans la
répartition des lignes de force, variations qui déterminent dans le fil de la bobine des courants induits,
dont le sens et la force électromotrice obéissent aux lois
de l'induction, que nous connaissons.

Ces courants induits, en traversant le fil de la bobine

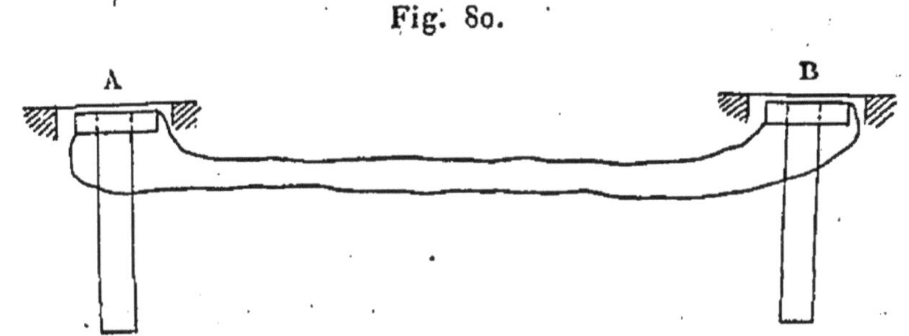

Fig. 80.

B, produisent dans le noyau aimanté des aimantations
et désaimantations successives, et, par suite, dans ce
noyau et dans la plaque, des vibrations qui correspondent aux vibrations transmises au téléphone A.
L'épaisseur de la plaque B n'a pas d'influence sensible
sur l'intensité du son; donc celui-ci ne provient pas
seulement des vibrations de cette plaque de part et
d'autre de sa position d'équilibre, mais aussi et surtout
de celles auxquelles sont soumises les molécules dans la
masse même de la plaque.

Bien plus, le son est encore perceptible lorsqu'on

supprime la plaque et même lorsqu'on enlève le noyau aimanté; M. Ader a pu faire parler la bobine, mais il faut, pour cela, que les spires du fil ne soient pas serrées.

Il est vrai de dire que ces dernières actions sont bien plus faibles que celles qui se manifestent dans le téléphone complet; mais elles existent et prouvent que le phénomène est complexe.

En résumé, les sons produits dans le téléphone B sont dus principalement :

1° Aux vibrations moléculaires qui résultent, dans le noyau et dans la plaque, des aimantations et désaimantations successives dues aux courants induits venant du téléphone A;

2° Aux vibrations de la plaque, lorsqu'elle est mince, de part et d'autre de sa position d'équilibre;

3° Aux vibrations moléculaires produites dans le fil de la bobine par les variations de ces courants induits.

Transmetteur; récepteur. — Le téléphone A, dans lequel on parle, est dit *transmetteur,* et le téléphone B, dans lequel on écoute, *récepteur.*

On peut les construire d'une façon identique, de manière que chacun serve soit de transmetteur, soit de récepteur; cette condition exige que la plaque soit suffisamment mince pour vibrer sous l'action de la parole.

Téléphone Bell. — Le premier et le plus simple des téléphones magnétiques est le téléphone Bell; il est formé d'un aimant droit, dont un seul pôle porte une bobine B et actionne la plaque; cet appareil est représenté schématiquement dans la *fig.* 80, et en détail dans la *fig*. 81. On l'emploie encore comme récepteur; mais

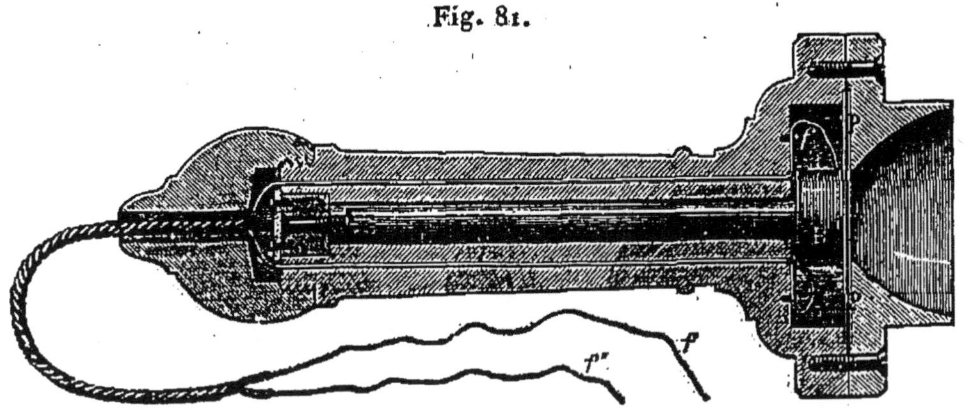

Fig. 81.

il est inférieur, comme récepteur et comme transmetteur, aux téléphones dont nous allons parler.

Téléphones Gower et Ader. — Dans les téléphones

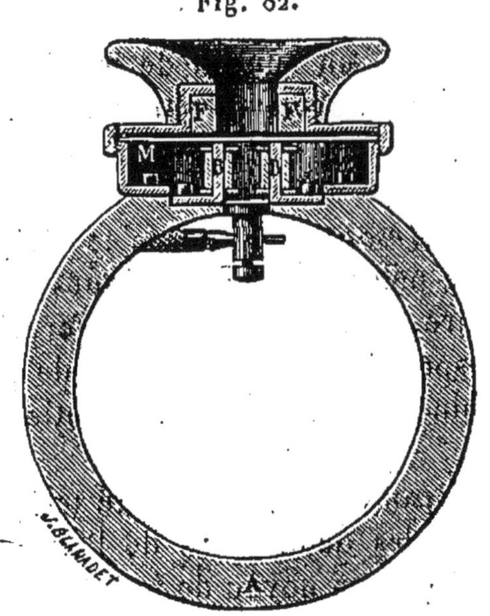

Fig. 82.

Ader (*fig*. 82) et Gower (*fig*. 83) l'aimant est recourbé

de façon que les deux pôles, qui portent chacun une bobine, soient ramenés à côté l'un de l'autre, et en face de la plaque. Le téléphone Ader porte, en plus, au-

Fig. 83.

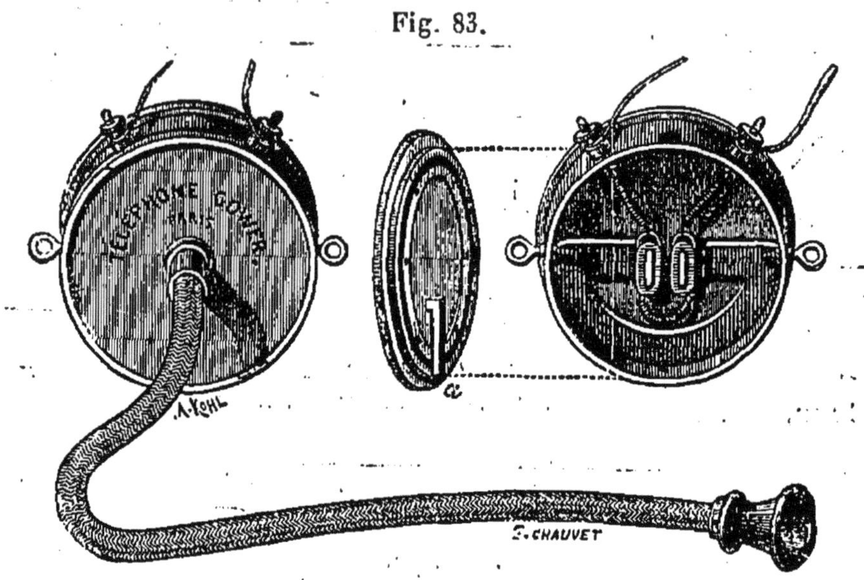

dessus de la plaque, un anneau de fer doux F, auquel l'inventeur attribue le rôle de surexcitateur du champ magnétique.

Téléphone d'Arsonval. — Dans le téléphone d'Arsonval, les deux pôles sont concentriques ; l'un est plein, l'autre annulaire, et la bobine est enfermée entre les deux. Cette disposition a pour résultat de plonger tout le fil de la bobine dans le champ magnétique.

Téléphone Colson. — La plaque du téléphone Colson est placée entre les deux pôles de l'aimant ; l'un des pôles est formé par un noyau de fer doux, qui agit au centre de la plaque et porte la bobine ; l'autre est constitué par un anneau de fer doux, qui influence les bords de la plaque, dont il est séparé par une substance non magnétique. La plaque est ainsi polarisée du centre à la circonférence, et soumise tout entière, de même que la bobine, à l'action du champ magnétique.

Considération des lignes de force. — On peut s'aider utilement, dans l'étude du fonctionnement des téléphones, de la considération des lignes de force.

En effet, à chaque position de la plaque de fer-blanc par rapport aux pôles de l'aimant correspond une certaine répartition des lignes de force; celles-ci se déplacent lorsque la plaque vibre; si la bobine est rencontrée par ces lignes en mouvement, il se développe dans son fil une différence de potentiel qui est, d'après la loi de Faraday, proportionnelle à leur nombre coupé dans l'unité de temps.

Un téléphone transmetteur sera donc d'autant plus énergique, toutes choses égales d'ailleurs, que les lignes de force mises en mouvement par les déplacements de la plaque et rencontrant le fil de la bobine seront en plus grand nombre. De même un téléphone récepteur sera d'autant plus puissant que les lignes de force, mises en mouvement par les variations des courants induits qui parcourent la bobine et rencontrent la plaque, seront plus nombreuses.

On voit, par conséquent, que, d'une façon générale, il y a intérêt à faire passer au travers de la bobine et de la plaque le plus grand nombre possible de lignes de force. Ces considérations se vérifient facilement sur les téléphones, et ont servi à l'auteur pour combiner l'appareil qui vient d'être décrit.

Réglage. — Pour qu'un téléphone déterminé donne

le rendement maximum dont il est susceptible, il faut qu'il soit bien réglé, c'est-à-dire que la plaque de ferblanc soit amenée le plus près possible des pôles de l'aimant, sans cependant toucher celui-ci, ce qui empêcherait les vibrations de la plaque ; cette opération se fait généralement au moyen de pas de vis.

Sensibilité du téléphone. — La sensibilité extrême que possède le téléphone peut servir à révéler l'existence de courants d'une très faible intensité ; il suffit, pour cela, d'interrompre et de fermer successivement le circuit qui est le siège de ce courant, en coupant, par exemple, le circuit et frottant les deux bouts l'un contre l'autre : s'il existe le moindre courant, des crachements se feront entendre dans le téléphone intercalé dans le circuit.

On peut se faire une idée de cette sensibilité d'après la faiblesse du courant qui suffit pour impressionner le téléphone ; le professeur Ferraris a démontré que l'intensité du courant produit par un téléphone Bell pour une vibration sonore correspondant au *la* normal peut être représentée par celle que déterminerait un élément Daniell dans un circuit télégraphique faisant 290 fois le tour de la Terre.

Avertisseurs.

Pour une communication entre deux postes téléphoniques, il est indispensable d'employer un dispositif qui permette à chacun d'eux de prévenir le correspondant, afin que celui-ci écoute dans son téléphone. Ce dispositif se nomme un *avertisseur* ou *appel*.

On peut le réaliser en imprimant à la plaque du téléphone transmetteur des vibrations assez fortes pour que les sons émis par le récepteur soient entendus à une certaine distance.

Dans le téléphone Gower (*fig.* 83), la plaque porte une anche dans laquelle on souffle par l'intermédiaire d'un tuyau acoustique qui aboutit en face du centre de la plaque, et qui sert aussi pour parler et pour écouter; on produit ainsi un son de trompette, qui est rendu par le récepteur, et s'entend bien dans une chambre.

On peut aussi employer un sifflet ou tout autre appareil à vibrations intenses, en le plaçant près de la plaque du transmetteur.

Le plus fort des appels qui utilisent le téléphone récepteur consiste dans un appel dit *phonique;* celui de M. Sieur est construit sur le même principe que l'appareil décrit ci-après, avec cette différence que le nombre des morceaux de fer doux et la vitesse de la roue sont augmentés, de façon que les changements de sens des courants induits soient assez rapides ponr faire rendre au téléphone un son intense.

Mais ces genres d'appel ne sont pas assez puissants pour tous les cas de la pratique, et le meilleur consiste dans une sonnerie. Celle-ci peut être actionnée au moyen d'une pile et d'un bouton qui sert à faire passer le courant, comme dans les communications télégraphiques, ou au moyen d'un appel magnétique.

Dans ce dernier cas, l'appel et la sonnerie sont organisés de la façon suivante.

Appel Sieur. — L'appel Sieur (*fig.* 84) est formé d'un aimant en fer à cheval dont les pôles sont entourés de bobines de fil fin; entre ces pôles tourne, au moyen d'une manivelle, un disque de cuivre portant des morceaux de fer doux, dont le passage entre les pôles de l'aimant détermine des variations dans le champ magné-

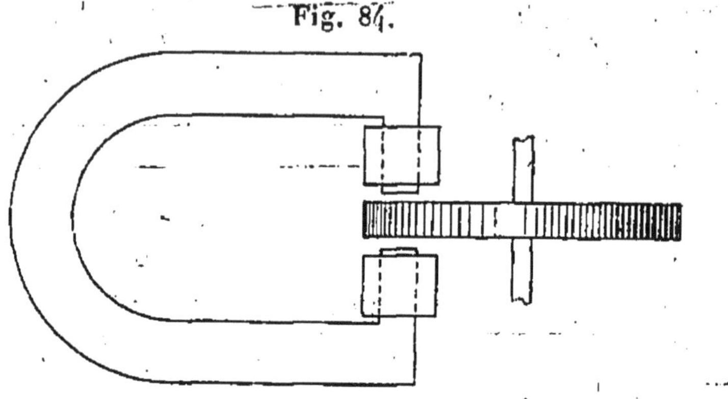

Fig. 84.

tique èt, par suite, des courants induits dans les bobines, si celles-ci sont reliées à un circuit fermé.

Sonnerie polarisée. — A l'autre extrémité de la ligne

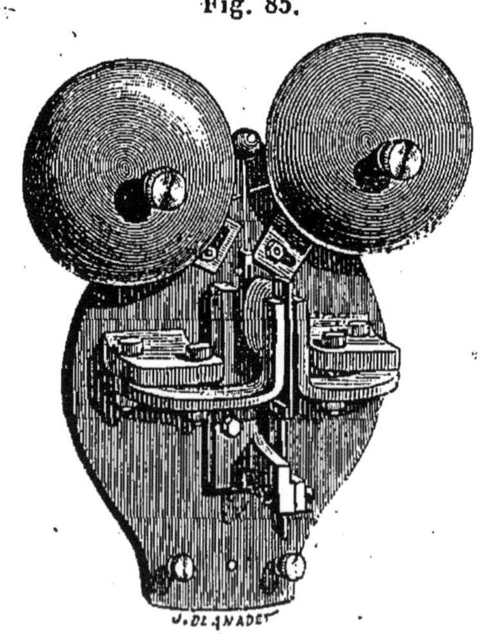

Fig. 85.

est placée une sonnerie *polarisée;* elle est composée

(*fig*. 85) d'une lame de fer doux recouverte d'une bobine dont le fil est relié à la ligne ; elle est fixée à une lame de ressort, et peut osciller entre les pôles d'un aimant. Les courants induits directs et inverses produits par l'appel traversent le fil de la bobine de la sonnerie et déterminent, dans la lame de fer doux, des pôles alternativement de noms contraires ; il en résulte que celle-ci est alternativement attirée et repoussée par chacun des pôles de l'aimant, et que le marteau dont elle est munie vient frapper le timbre comme dans une trembleuse.

Appel Abdank-Abakanowicz. — L'*appel Abdank* est formé d'une lame de fer doux entourée d'une bobine et fixée à un ressort qui lui permet d'osciller dans un champ magnétique produit par les pôles d'un aimant ; les variations de champ magnétique déterminées par ces oscillations produisent dans la bobine des courants induits qui vont actionner, au poste opposé, une sonnerie polarisée semblable à celle qui vient d'être décrite.

On comprend que la disposition de semblables appareils peut être très variée, car il y a de nombreux moyens de produire des courants induits. Ils ont l'avantage d'éviter l'emploi d'une pile et de permettre des communications à de très grandes distances, en raison de la force électromotrice considérable que possèdent ces courants induits.

Les appels et sonneries magnétiques peuvent être installés soit en série, soit en dérivation sur le circuit des téléphones ; il semble cependant que la première disposition est préférable, à cause de la haute tension et de la faible intensité des courants induits.

Téléphones à pile et microphones.

Les *téléphones à pile* et les *microphones* sont fondés sur un même principe : Si l'on place dans un circuit alimenté par une pile un téléphone magnétique et deux ou plusieurs corps médiocrement conducteurs, en contact, et disposés de telle sorte que le courant traverse ces contacts, les moindres variations produites dans la nature de ceux-ci par une vibration, un choc, un glissement, déterminent des sons dans le téléphone. A ces variations dans les contacts correspondent, en effet, des modifications dans leur résistance, et, par suite, dans l'intensité du courant; celles-ci affectent le téléphone et lui font rendre des sons, dont l'intensité peut être bien supérieure à celle des vibrations qui leur donnent naissance, d'où le nom de *microphone,* donné d'une façon générale à tous les appareils qui permettent d'utiliser ce phénomène. Mais les microphones, s'ils peuvent tous amplifier de faibles bruits, ne sont pas tous capables de reproduire la parole; ceux qui possèdent cette propriété sont souvent appelés *téléphones à pile.*

Quoi qu'il en soit, le principe est le même pour tous ces appareils; les dispositions seules varient.

Les microphones et téléphones à pile peuvent, dans certaines conditions, être employés comme récepteurs; mais il faut pour cela quelques précautions, et d'ailleurs les sons émis par ces appareils sont plus faibles que ceux qui sont produits par les téléphones magnétiques; aussi, dans la pratique, ne se sert-on que des téléphones magnétiques comme récepteurs, réservant les téléphones à pile pour l'usage de transmetteurs.

Microphone Hughes. — Dans le microphone Hughes (*fig.* 86), une tige de charbon, appointée à ses deux extrémités, est maintenue entre deux dés de charbon fixés à une planchette verticale; ces dés portent des cavités

Fig. 86.

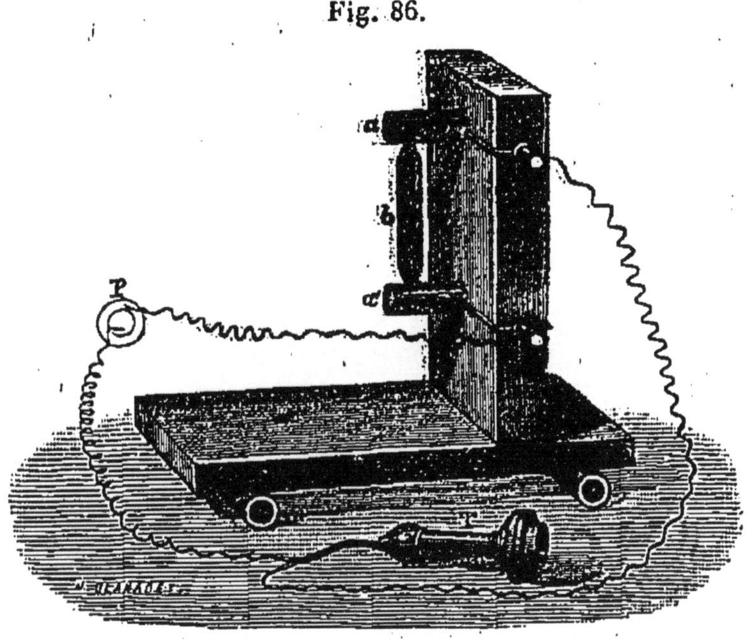

dans lesquelles reposent les pointes du charbon, de sorte que celui-ci peut prendre différentes positions autour de la verticale. Les deux dés sont reliés au circuit d'une pile de quelques éléments Leclanché, dans lequel est intercalé un téléphone récepteur.

Les moindres vibrations, telles que celles de la marche d'un insecte, imprimées à la planchette, sont reproduites dans le téléphone.

Microphone Ader. — Le microphone Ader (*fig.* 87), qui est très employé pour transmettre la parole et la musique, se compose d'une boîte munie d'un couvercle

en bois mince au-dessous duquel sont fixés des charbons ;
dans ceux-ci sont pratiquées des concavités où reposent
des charbons mobiles. Le courant d'une pile de quelques

Fig. 87.

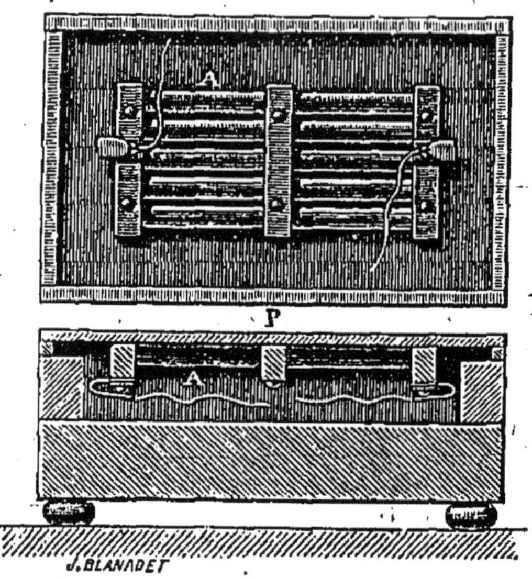

éléments Leclanché traverse tous ces contacts, et un
téléphone récepteur, placé dans le circuit, reproduit les
sons émis devant le couvercle de la boîte, même à une
distance de plusieurs mètres.

La boîte forme caisse résonnante et amplifie les sons.

Microphone de l'auteur. — On peut construire facilement un bon microphone (*fig.* 88) en disposant sur
le dessous d'une boîte en sapin à parois minces deux
charbons fixes C, C', et en faisant reposer sur ceux-ci un
certain nombre de charbons mobiles suspendus par leurs
extrémités supérieures au moyen de fils fins. Les deux
charbons fixes sont maintenus contre la planchette au
moyen de fils de cuivre, qui font communiquer chacun

des charbons fixes avec une des deux vis V; V' fixées
dans les parois latérales de la boîte, de sorte qu'en atta-
chant à ces vis les extrémités d'un circuit comprenant
quelques éléments Leclanché et un téléphone récepteur,
le courant passe d'un des crayons fixes à l'autre, en

Fig. 88.

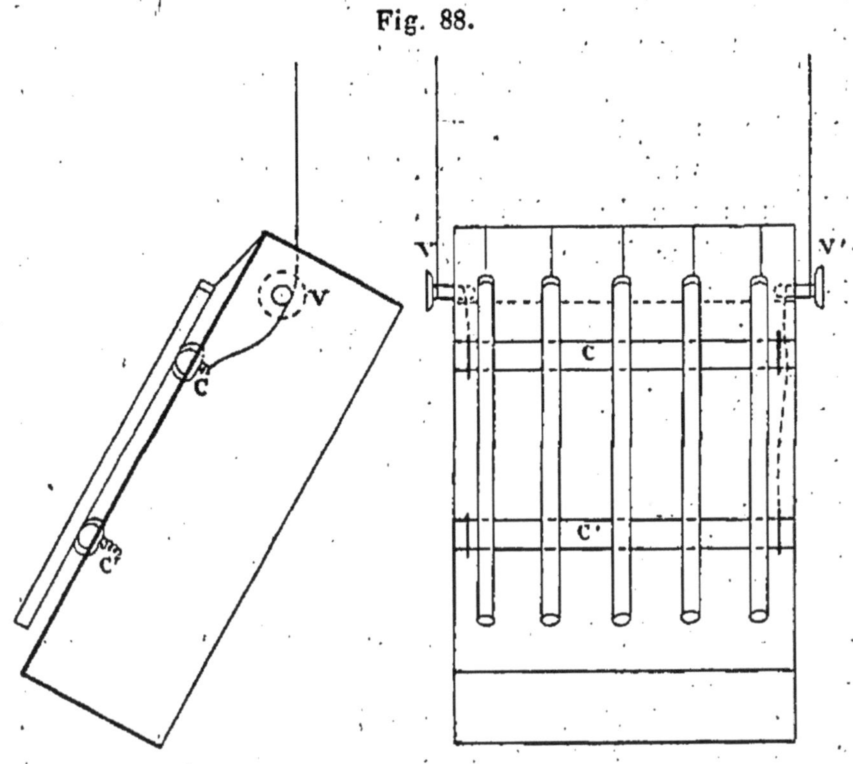

traversant les crayons mobiles et les contacts. La sensibilité de cet appareil est très grande, parce que les
charbons mobiles peuvent se déplacer facilement sous
l'action des moindres vibrations, et qu'ils reçoivent ces
vibrations non seulement de la boîte, mais aussi directement de l'air ambiant. Cette sensibilité est d'autant plus
grande que la boîte est plus près d'être verticale, car les
contacts sont alors très faibles, et les moindres vibrations
produisent de grands écarts dans la position des char-

bons; mais aussi, si ces écarts sont tels qu'il y ait rupture du circuit, on n'entend plus dans le téléphone que les bruits très forts qui résultent de ces ruptures et qu'on appelle *crachements*. Pour transmettre nettement la parole, il faut supprimer ces crachements, et, par conséquent, diminuer la sensibilité de l'appareil en rapprochant la boîte de la position horizontale. Ce résultat s'obtient facilement en fixant à la partie supérieure de la boîte un contrepoids.

Dans ces microphones, le réglage de la sensibilité se fait au moyen du poids des charbons mobiles; mais il peut s'opérer d'une infinité d'autres façons, au moyen de ressorts, d'attractions magnétiques, etc.; aussi les sortes de microphones existant aujourd'hui sont-elles innombrables.

Les charbons dont on fait usage pour les microphones sont généralement des crayons de lumière électrique; mais on peut employer aussi d'autres substances, par exemple des crayons de mine de plomb.

La résistance d'un microphone augmente avec l'écartement des charbons fixes, elle diminue lorsque le nombre et la section des charbons mobiles augmentent.

Étant données la résistance de la ligne et celle du téléphone récepteur, il existe un nombre et une section de charbons, ainsi qu'un nombre d'éléments de pile, les plus convenables.

Ainsi, avec le dernier microphone décrit, pour une ligne formée de quelques centaines de mètres de fil de cuivre de 0^{mm},9, et pour un téléphone ordinaire ayant une résistance de 100 ohms environ, on se trouve dans les conditions les plus favorables en prenant cinq crayons mobiles de 5^{mm} à 6^{mm} de diamètre, et trois éléments Leclanché, à agglomérés, associés en tension.

On peut encore réaliser des contacts microphoniques au moyen d'agglomérés, de grenaille de charbon, de corps médiocrement conducteurs, etc.

Avertisseurs. — La pile peut être utilisée pour actionner une sonnerie d'appel ; on se contente aussi, dans certains cas, comme avertisseur, des crachements énergiques qui sont produits dans le téléphone récepteur lorsqu'on agite le microphone du poste opposé.

Bobine d'induction. — La disposition précédente ne convient que pour les faibles distances ; et, même dans ce cas, est-il encore préférable d'employer l'artifice suivant :

Afin d'augmenter la force électromotrice des courants lancés dans la ligne, ce qu'on ne pourrait obtenir dans une proportion suffisante en augmentant le nombre des éléments de la pile lorsque la distance est considérable et la ligne très résistante, on se sert d'une bobine d'induction B (*fig.* 89). On place le fil inducteur et le mi-

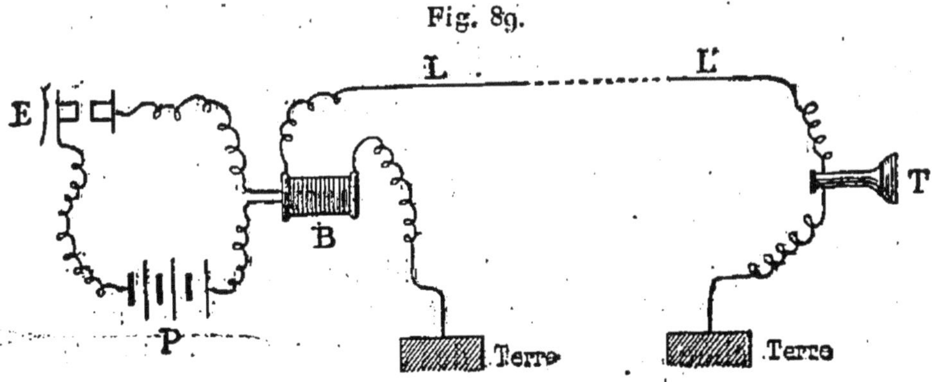

Fig. 89.

c rophone E dans le circuit d'une pile P, qui n'a plus alors qu'une faible résistance à vaincre, et on relie le fil induit à la ligne LL', qui aboutit au téléphone récepteur T du poste opposé.

Les variations de résistance et, par suite, d'intensité, produites dans le circuit inducteur par les vibrations du microphone, déterminent dans le fil induit des courants de haute tension, qui peuvent surmonter des résistances considérables et actionner puissamment le récepteur.

Nous savons que la force électromotrice de ces courants induits est proportionnelle aux variations de l'intensité du circuit inducteur; il y a donc avantage à augmenter cette intensité en donnant une faible résistance au microphone, au fil inducteur et à la pile; pour celle-ci, on obtient de bons résultats avec deux ou trois éléments Leclanché à grandes surfaces d'électrodes, ou avec un accumulateur, ou avec trois ou quatre éléments de Lalande.

Pratiquement, on dispose sur le circuit inducteur un interrupteur qui permet de faire passer le courant seulement quand on veut correspondre, afin d'éviter une usure inutile de la pile et sa polarisation.

On associe une sonnerie à cette communication; un commutateur permet de relier :

1° L'appel du poste transmetteur avec la sonnerie du poste récepteur;

2° Le fil induit du poste transmetteur avec le téléphone du poste récepteur.

On peut, comme en Télégraphie, remplacer un des fils de ligne par la terre, en faisant communiquer avec celle-ci, à chaque poste, une des extrémités du fil induit de la bobine.

Condensateurs.

Si l'on interpose dans le circuit induit d'une bobine microphonique B (*fig.* 90) un condensateur R, formé de lames d'étain séparées par des feuilles de papier

Fig. 90.

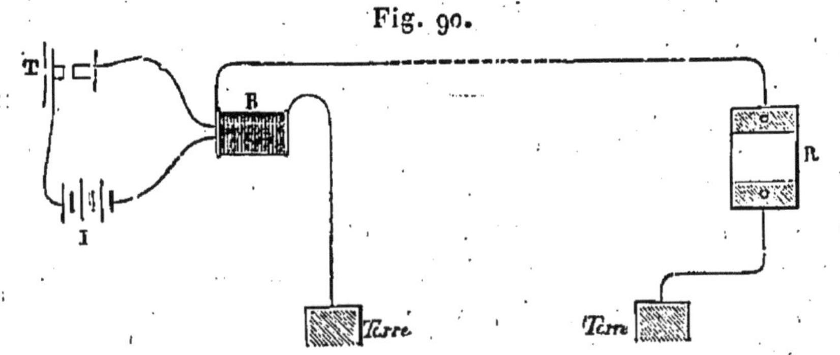

paraffiné, ce condensateur prend une charge variable qui dépend des différences de potentiel déterminées dans le fil induit et sur les lames d'étain par les variations d'intensité du circuit inducteur; il n'y a plus courant, dans le sens propre du mot, puisque le diélectrique du condensateur forme interruption dans le circuit induit; mais il se produit, dans le condensateur et dans le fil, des variations, et, pour ainsi dire, des vibrations de charge, qui se traduisent en un flux ondulatoire ayant le même effet que le courant. Dans ces conditions, le condensateur lui-même peut servir de récepteur, quoique avec une intensité moindre que le téléphone; toutefois, pour qu'il puisse reproduire la parole, il est indispensable d'intercaler dans le circuit induit quelques éléments de pile associés en tension.

Le condensateur est encore susceptible d'être employé comme transmetteur, mais dans des conditions toutes spéciales.

Conducteurs.

Lorsqu'un fil, servant à une communication téléphonique, se trouve à proximité d'un autre fil parcouru
par des courants d'intensité variable, ceux-ci y déterminent des courants induits qui peuvent considérablement gêner la correspondance ; si les courants inducteurs
proviennent d'une communication télégraphique, on
entend, dans le récepteur de la ligne téléphonique, les
émissions et suppressions du courant télégraphique ;
s'ils sont produits par une correspondance verbale, c'est
cette correspondance qui s'entend dans le téléphone.

Lorsqu'il y a plusieurs de ces fils dans le voisinage
d'un fil téléphonique, tous ces bruits s'ajoutent et forment un bruit confus, très nuisible à l'audition et qu'on
appelle *friture.*

Pour éviter cet inconvénient, on peut employer divers
procédés.

Le meilleur consiste à prendre un fil d'aller et un fil
de retour, isolés l'un de l'autre, et à les tordre ensemble.
Les effets d'induction se produisent encore dans ces
deux fils ; mais, comme ils se trouvent être de sens
contraire dans le circuit, ils s'annulent.

Utilisation des lignes télégraphiques. — Un autre
procédé, applicable aux lignes télégraphiques, a été
imaginé par M. Van Rysselberghe, et a pour but, non
seulement de supprimer les bruits dus à l'induction des
fils voisins, mais encore de rendre un fil télégraphique
capable de servir au même moment à une correspondance télégraphique et à une communication téléphonique.

Pour empêcher que les émissions et interruptions de courants télégraphiques dans le fil considéré et dans les fils voisins influencent le téléphone, ces variations d'intensité sont rendues progressives au moyen d'électro-aimants placés sur chaque fil et de condensateurs disposés en dérivation. Ces appareils jouent le rôle de réservoirs, ils absorbent progressivement la charge qui se développe dans la ligne au moment de chaque émission de courant, et la restituent progressivement, au moment de chaque interruption. Cette graduation dure un temps très court, insuffisant pour gêner la correspondance télégraphique, mais suffisant pour amortir les variations brusques qui feraient rendre un son au téléphone.

Le triage entre les courants télégraphiques et téléphoniques est obtenu au moyen de condensateurs placés entre la ligne et le téléphone, celui-ci communiquant avec la terre.

La *fig.* 91 montre l'organisation d'un poste télégraphique et d'un poste téléphonique disposés suivant ce système.

A gauche est un poste télégraphique avec son manipulateur M, son récepteur R, et sa pile P; deux électro-aimants graduateurs E_1, E_2 sont placés sur le circuit de part et d'autre du manipulateur M, et un condensateur C en dérivation.

A droite se trouve un poste téléphonique. Un condensateur C′ est relié d'une part à la ligne, et d'autre part au téléphone et à la terre.

Nous avons vu plus haut, en parlant du condensateur, le jeu des variations de charge produites dans le fil induit par les variations du courant microphonique. Le flux ondulatoire qui en résulte dans la ligne a d'ailleurs une intensité trop faible pour affecter les appareils télégraphiques.

Grâce à ce procédé, les communications télégraphi-

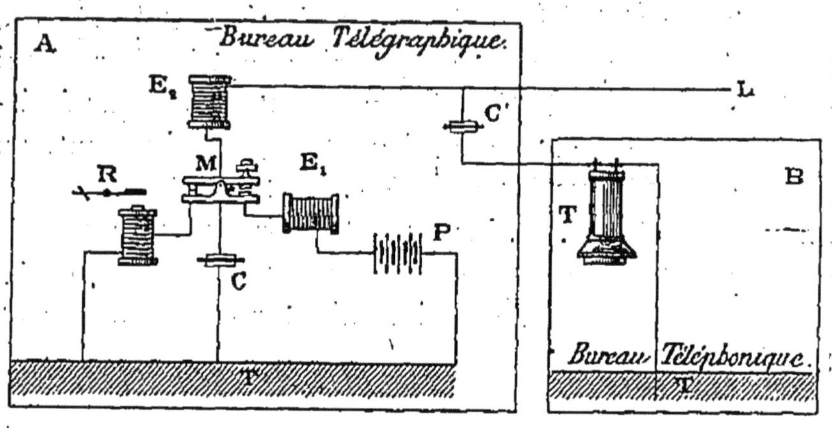

ques et téléphoniques par le même fil sont rendues indépendantes.

Mais il est toujours préférable de disposer de fils spéciaux et très bons conducteurs pour les communications téléphoniques, surtout à grande distance ; entre Paris et Bruxelles on a posé un fil de cuivre de 5^{mm} de diamètre.

CHAPITRE XVI.

EXEMPLES NUMÉRIQUES.

Nous allons donner dans ce Chapitre quelques exemples des calculs qui se présentent le plus fréquemment dans la pratique. Pour ces calculs, toujours très simples, on n'a besoin que d'un très petit nombre de formules, qui sont les suivantes :

1° La loi de Ohm

$$e = ir,$$

en désignant par

e la différence de potentiel entre deux sections d'un conducteur, exprimée en *volts;*

i l'intensité du courant, en *ampères;*

r la résistance de la portion considérée, en *ohms;*

2° La loi de Joule

$$t = \frac{ei}{g} = \frac{i^2 r}{g},$$

en appelant

t le travail électrique dans la portion de conducteur considérée, exprimé en *kilogrammètres;*

g l'accélération due à la pesanteur, exprimée en mètres; à Paris $g = 9,81$;

3° La loi des courants dérivés : les intensités des courants dans deux conducteurs dérivés sont inversement proportionnelles aux résistances de ces deux conducteurs.

Les problèmes les plus simples sont ceux qui sont relatifs à l'emploi des piles primaires et secondaires et des machines à courants continus pour l'éclairage; ce sont ceux dont nous allons nous occuper.

Nous désignerons en abrégé : différence de potentiel par *dif. de p.*, force électromotrice par *f. é. m.*, résistance par *rés.*, ampère par *amp.*, kilogrammètre par *kgm.*

Éclairage au moyen de piles.

Comme la production de l'arc voltaïque exige une dif. de p. au moins égale à 40 volts aux bornes de la lampe, et qu'il faudrait une trentaine d'éléments des piles primaires ou secondaires les plus puissantes, associés en tension, pour obtenir ce nombre de volts, on n'emploie les piles pour actionner les régulateurs que dans des cas exceptionnels; on se sert presque exclusivement de machines pour ce genre d'éclairage.

Lorsque les lampes à incandescence sont en petit nombre, comme dans une installation domestique, et qu'on ne veut pas avoir l'embarras d'un moteur et d'une machine électrique, on est amené à employer soit une pile primaire suffisamment puissante pour alimenter directement les lampes, soit une batterie d'accumulateurs chargés au moyen d'une pile à faible débit.

Ce que nous allons dire s'applique à tous les genres de piles, primaires ou secondaires, susceptibles d'alimenter des lampes.

Afin de réduire la dépense d'installation, ainsi que le poids de la pile, son volume, et les soins d'entretien, il y a intérêt à prendre un petit nombre d'éléments, c'est-à-dire à choisir des lampes n'exigeant qu'une dif. de p. peu élevée. Pour cette dernière raison, et aussi pour rendre les lampes indépendantes les unes des autres, on les dispose en dérivation.

Les conducteurs employés dans une installation de lampes à incandescence doivent satisfaire aux deux conditions suivantes :

1° Ils ne doivent pas s'échauffer sensiblement par l'effet du passage du courant; on admet, pour les gros conducteurs en cuivre, une intensité de 2^{amp} à 3^{amp} par millimètre carré de section; pour les conducteurs minces, ce chiffre peut être porté à 4^{amp} ou 5^{amp}.

2° Leur résistance doit être calculée de telle sorte qu'il n'y ait pas entre la dif. de p. aux bornes de la première lampe et la dif. de p. aux bornes de la dernière un écart supérieur à $\frac{1}{20}$ de la dif. de p. nominale du type de lampe employé; cette condition est nécessaire pour que l'intensité lumineuse des lampes, depuis la première jusqu'à la dernière, soit sensiblement uniforme.

Prenons comme exemple deux lampes Edison de 15^{volts}, qui donnent une lumière de 6 bougies environ avec une intensité de $1^{amp},3$.

L'intensité totale pour ces deux lampes sera donc de $2^{amp},6$, et, pour que la première condition soit remplie, il suffira de prendre un fil de $1^{mm},1$ de diamètre pour les deux conducteurs principaux qui partent des deux pôles de la pile.

Sur ces deux conducteurs sont branchés deux fils sur lesquels les deux lampes sont placées. Chacun de ces fils est parcouru par le courant qui alimente une lampe, c'est-à-dire par un courant de $1^{amp},3$; un fil de 1^{mm} sera donc suffisant au point de vue de l'échauffement.

Supposons que le premier des deux fils dérivés ait

une longueur de 5^m, l'autre une longueur de 2^m, et que les branchements des deux dérivations sur chacun des deux conducteurs principaux soient à 10^m l'un de l'autre.

Une longueur de 5^m de fil de 1^{mm} représente une résistance de $0^{ohm},1$; comme l'intensité est de $1^{amp},3$, la dif. de p. absorbée par ce conducteur est, d'après la loi de Ohm,

$$e = ir = 1,3 \times 0,1 = 0^{volt},13,$$

et la dif. de p. entre les deux extrémités de la dérivation est égale à 15^{volts}, dif. de p. aux bornes de la lampe, $+\, 0,13 = 15^{volts},13$.

Si, maintenant, on part de cette première dérivation pour aller à l'autre, qui est plus éloignée de la pile, on trouve d'abord 20^m de conducteur principal de $1^{mm},1$, représentant une rés. de $0^{ohm},33$, et traversé par un courant de $1^{amp},3$; ce qui donne une dif. de p. absorbée égale à $1,3 \times 0,33 = 0^{volt},43$; puis 2^m de fil de 1^{mm}, ayant une rés. de $0^{ohm},04$, et absorbant $0^{volt},01$. La perte entre la première dérivation et la deuxième lampe est donc de $0,43 + 0,01 = 0^{volt},44$. Or la dif. de p. entre les deux extrémités de la première dérivation est de $15^{volts},13$; il reste donc aux bornes de la dernière lampe $15,13 - 0,44 = 14^{volts},69$. La perte entre les deux lampes est donc de $15 - 14,69 = 0^{volt},31$.

Comme cette valeur est inférieure à $0^{volt},75$, maximum auquel on pourrait consentir d'après la deuxième condition, on voit que les conducteurs en question remplissent aussi cette deuxième condition.

Passons maintenant à la pile.

Nous venons de voir que la dif. de p. entre les extrémités de la première dérivation est égale à $15^{volts},13$.

En remontant aux bornes de la pile, nous trouvons une
certaine longueur de fil de $1^{mm},1$, soit 20^m sur chaque
conducteur et 40^m en tout, représentant une rés. de
$0^{ohm},67$, parcourus par le courant total de $2^{amp},6$, et absorbant par conséquent $2,6 \times 0,67 = 1^{volt},74$. La dif.
de p. aux bornes de la pile est donc égale à

$$15,13 + 1,74 = 16^{volts},87,$$

soit, en chiffres ronds, 17 volts.

La nature et le nombre des éléments de la pile doivent
être choisis de façon à donner un courant de $2^{amp},6$ avec
une f. é. m. de 17 volts aux bornes.

Supposons que nous choisissions la pile de Lalande,
grand modèle (p. 87), qui peut donner couramment le
débit demandé, et qui est d'un usage commode, puisqu'elle n'exige aucun entretien et aucune manœuvre
avant l'épuisement complet. Sa capacité est de 540 ampères-heures ; elle pourra donc alimenter les deux lampes

pendant $\dfrac{540}{2,6} = 200$ heures environ.

Pour calculer le nombre des éléments, il faut remon-
ter de la f. é. m. aux bornes à la f. é. m. intérieure, qui a
ici une valeur de $0^{volt},8$ environ par élément.

Soit x le nombre des éléments.

Étant donné que la résistance intérieure d'un élément
est de $0^{ohm},03$, et appliquant la loi qui régit l'association
des éléments en tension (p. 74), nous avons pour la
rés. intérieure totale $0,03 \times x$; avec le courant de $2^{amp},6$
la pile absorbe donc $2,6 \times 0,03 \times x$ volts.

La f. é. m. totale est égale à la f. é. m. aux bornes $+$
celle qui est absorbée par la rés. intérieure ; elle a donc
pour valeur $17 + 2,6 \times 0,03 \times x$.

D'autre part, elle est représentée par $0,8 \times x$;

donc
$$\mathbf{0,}8 \times x = 17 + 2,6 \times 0,03 \times x,$$
$$x = 24 \text{ en chiffres ronds.}$$

Il faut donc 24 éléments.

Il est intéressant de se-rendre compte du travail total fourni par la pile et de sa répartition dans les différentes parties du circuit. Pour cela, appliquons la formule du travail

$$t = \frac{ei}{g} = \frac{i^2 r}{g}.$$

Une lampe absorbe.................... $\dfrac{15 \times 1,3}{9,81} = \overset{\text{kgm}}{1,99}$

Une autre semblable................ $1,99$

Le 1er fil dérivé.................... $\dfrac{0,13 \times 1,3}{9,81} = 0,02$

Le 2e fil dérivé.................... $\dfrac{0,01 \times 1,3}{9,81} = 0,01$

Les conducteurs principaux inter-

médiaires........................ $\dfrac{0,43 \times 1,3}{9,81} = 0,06$

Les conducteurs principaux entre la

première dérivation et la pile.... $\dfrac{1,74 \times 2,6}{9,81} = 0,46$

La pile.......................... $\dfrac{0,03 \times 24 \times 2,6^2}{9,81} = 0,49$

Total du travail.................... $5,02$

La formule $t = \dfrac{ei}{g}$ donne, d'autre part, en prenant pour e la f. é. m. totale $0,08 \times 24 = 19^{\text{volts}},2$, un travail total égal à

$$t = \frac{19,2 \times 2,6}{9,81} = 5^{\text{kgm}}$$

en chiffres ronds.

On voit donc que, sur les 5^{kgm} électriques dépensés dans tout le circuit, 4 environ sont utilisés dans les deux lampes pour produire la lumière, et 1 se trouve absorbé par les résistances passives des fils et de la pile.

Si l'on voulait se contenter des watts, il suffirait de prendre les produits ei.

Éclairage au moyen de machines.

L'éclairage au moyen de machines comporte : soit des lampes à incandescence seules, soit des lampes à arc, soit une combinaison de ces deux genres.

Lampes à incandescence. — Lorsqu'on se sert de machines pour alimenter des lampes à incandescence, on peut prendre des lampes à plus forte rés., qui présentent une plus grande longueur de filament, et qui donnent, par conséquent, une plus grande quantité de lumière sans augmenter l'intensité lumineuse spécifique; il est bon, en effet, de ne pas dépasser pour celle-ci une certaine valeur, au-dessus de laquelle l'éclat de l'incandescence devient blessant pour la vue.

On calcule les éléments de la machine ainsi que la vitesse d'après l'espèce et le nombre des lampes.

Ainsi, supposons qu'on emploie 30 lampes Edison de 70 volts, consommant $0^{amp},8$ et donnant 10 bougies.

Si elles sont en dérivation, comme c'est le cas le plus fréquent, le courant total est de $0,8 \times 30 = 24^{amp}$.

D'autre part, d'après la deuxième condition énoncée plus haut, on peut consentir à une perte de 3 à 4 volts entre les bornes de la première et de la dernière lampe; en admettant une perte moyenne de 2 volts entre la première lampe et celle du milieu supposée exactement à 70 volts, et une de 3 volts environ entre la première

lampe et la machine, on a 75 volts environ pour la dif.
de p. que la machine doit présenter aux bornes.

La machine doit donc donner 24 ampères avec une
f. é. m. de 75 volts aux bornes; on peut employer la
machine Gramme, type A, dont nous avons représenté la
caractéristique page 115.

Le calcul du diamètre des conducteurs se ferait comme
dans l'exemple précédent; on obtiendrait aussi de la
même façon la dif. de p. totale à l'intérieur de la machine.

Comme la rés. intérieure de la machine est de $1^{ohm},02$,
et l'intensité totale de 24 ampères, la perte intérieure
est de $1,02 \times 24 = 24$ volts. Si la dif. de p. aux bornes,
exactement calculée, est de 75 volts, la f. é. m. totale
est de $75 + 24 = 99$ volts.

Le travail électrique total est alors de

$$\frac{99 \times 24}{9,81} = 240^{kgm},$$

ce qui donne 260^{kgm} environ pour le travail mécanique
à fournir par le moteur à la machine électrique, soit
$3^{ch} \times \frac{1}{2}$ environ.

La valeur de la rés. intérieure que nous venons de
considérer est celle qui correspond à la machine excitée
en série. Lorsqu'on désire faire varier pendant la marche
le nombre des lampes alimentées, on fait en sorte de
maintenir la f. é. m. constante malgré les variations que
fait subir à la résistance extérieure l'allumage ou l'extinction d'un certain nombre de lampes. Un moyen
simple d'obtenir ce résultat d'une façon suffisamment
approchée avec la machine Gramme consiste à donner
à celle-ci l'enroulement compound (p. 108) calculé pour
la vitesse déterminée par la f. é. m. nécessaire.

Lampes à arc. — Pour que la lumière de l'arc soit bien régulière, il faut une f.ém. de 45 à 5o volts au moins aux bornes de la lampe. On adopte, en général, pour les régulateurs, une valeur voisine de 5o volts; elle permet d'employer des tensions relativement faibles et des vitesses modérées. Pour cette même raison, et aussi pour rendre les lampes indépendantes, on les place souvent en dérivation.

Le calcul du diamètre des conducteurs se fait comme pour les lampes à incandescence en ce qui concerne la première condition ; pour la deuxième condition, on admet un écart de dif. de p. ou d'intensité qui dépend du système de régulateur employé.

Prenons, par exemple, deux régulateurs Gramme, donnant chacun, avec 5o à 55 volts aux bornes et 12 à 15 ampères, un foyer de 15o carcels environ; et supposons, pour simplifier, que chacun ait son circuit spécial.

Soit un développement de 5^m de conducteur pour la première lampe, et de 100^m pour la deuxième lampe.

La première condition exige, pour un courant de 12 ampères, un diamètre de $1^{mm},8$; avec un fil de ce diamètre, la rés. des 5^m du premier conducteur est de $0^{ohm},03$, et la rés. des 100^m du deuxième conducteur de $0^{ohm},6$.

Il est facile d'obtenir la même intensité de 12 ampères dans les deux circuits en leur donnant la même résistance; il suffit pour cela d'intercaler dans le premier circuit une résistance additionnelle

$$0,6 - 0,03 = 0^{ohm},57$$

en fil de fer ou de maillechort.

Les deux conducteurs absorbent alors chacun

$$0,6 \times 12 = 7^{volts},2,$$

ce qui donne

$$50 + 7,2 = 57^{volts},2$$

pour la f. é. m. aux bornes de la machine.

Combinaison de lampes à arc et de lampes à incandescence. — Supposons que nous ayons à alimenter en même temps des lampes à arc et des lampes à incandescence. Prenons, par exemple, 15 lampes Edison de 70 volts et un régulateur Gramme. Admettons que la dif. de p. aux bornes de la machine, calculée comme nous l'avons indiqué, soit, pour les lampes à incandescence, de 75 volts.

La rés. du circuit du régulateur doit être telle que l'intensité ne dépasse pas, dans ce circuit, la valeur de 15 ampères fixée comme maximum. Or la rés. de la lampe est de 4 ohms environ. Si donc on appelle x la rés. du conducteur, on aura dans ce circuit

$$x + 4 = \frac{75}{15} = 5 \text{ ohms,}$$

d'où

$$x = 1 \text{ ohm.}$$

La rés. du conducteur doit être de 1 ohm.

D'un autre côté, le minimum de diamètre imposé par la première condition générale est de $1^{mm},8$; et une rés. de 1 ohm correspond à une longueur de 170^{m} environ de ce fil.

Si donc la longueur du circuit du régulateur est de 100^{m} par exemple, ce qui correspond à une rés. de 0,6, il faudra y intercaler une rés. additionnelle égale à $1 - 0,6 = 0^{\text{ohm}},4$. Si la longueur dépasse 170^{m}, il faudra prendre un fil plus gros, tel que sa résistance soit de 1 ohm. Supposons qu'il y ait un développement de 400^{m}; appelons x le diamètre cherché; nous savons que la rés. est en raison inverse de la section, c'est-à-dire du carré du diamètre, et que la rés. de 400^{m} de fil de 1^{mm} est de 8 ohms;

$$\frac{x^2}{1} = \frac{8}{1}, \qquad x = \sqrt{8} = 2,8.$$

Le conducteur devrait avoir un diamètre de $2^{\text{mm}},8$.

Le circuit de l'incandescence et celui du régulateur seront ainsi équilibrés, et fonctionneront bien ensemble.

La f. é. m. totale se calculera comme dans les cas précédents, en partant de la f. é. m. aux bornes de la machine. Il en est de même du travail total et de sa répartition dans les différentes portions des circuits.

Ces exemples ne doivent être considérés que comme des exercices destinés à familiariser le lecteur avec les expressions de la nouvelle science électrique et avec les formules fondamentales qu'on rencontre dans les applications les plus simples.

FIN.

TABLE DES MATIÈRES.

CHAPITRE I.

Notions sur les courants.

CHAPITRE II.

Notions sur les charges.

CHAPITRE III.

Magnétisme.

CHAPITRE IV.

Electromagnétisme.

CHAPITRE V.

Induction.

CHAPITRE VI.

Unités.

CHAPITRE VII.

Méthodes et instruments de mesure.

CHAPITRE VIII.

Sources d'électricité.

CHAPITRE IX.

Moteurs électriques. — Transport de force.

CHAPITRE X.

Transformateurs. — Accumulateurs.

CHAPITRE XI.

Chaleur. — Lumière.

CHAPITRE XII.

Électrochimie.

CHAPITRE XIII.

Distribution de l'énergie.

CHAPITRE XIV.

Télégraphie.

CHAPITRE XV.

Téléphonie. — Microphonie.

CHAPITRE XVI.

Exemples numériques.

FIN DE LA TABLE DES MATIÈRES.

27626 — Paris. Imp. GAUTHIER-VILLARS, quai des Grands-Augustins, 55.